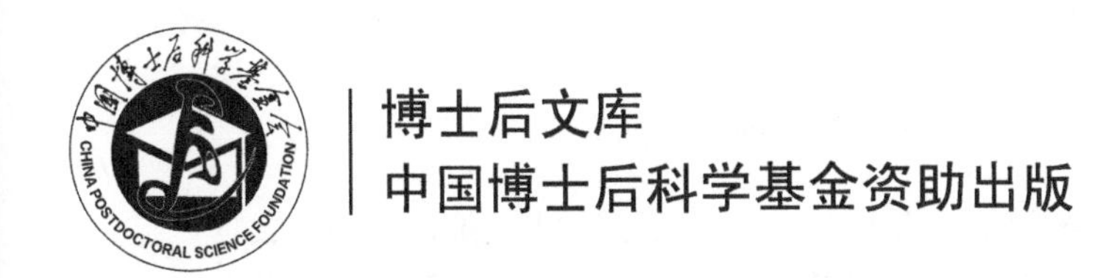

博士后文库
中国博士后科学基金资助出版

植被与水流相互作用的水动力学机理

王伟杰　著

科学出版社
北　京

内 容 简 介

本书全面阐述植被与水流相互作用理论。采用数学模型推导、实验室实验及数值模拟相结合的方法，以水生植物与水流的相互作用为切入点，从水动力学角度对植被环境水流特点进行深入研究，探寻水流流动规律与不同形态植被的关系，并提出植被环境流速分布计算方法，系统量化植被的阻力效应。本书力求通过简单易懂的语言和详细的公式推导使读者快速高效地理解植被环境水力学中的相关知识。

本书可作为水利类、生态类、环境类相关研究生的参考书，也可供生态水力学相关专业的教师、科研人员等阅读参考。

图书在版编目（CIP）数据

植被与水流相互作用的水动力学机理/王伟杰著. —北京：科学出版社，2023.11

（博士后文库）

ISBN 978-7-03-076209-2

Ⅰ.① 植… Ⅱ.① 王… Ⅲ. ① 水生植物-作用-水流动-水动力学-研究 Ⅳ. ① TV131.3

中国国家版本馆 CIP 数据核字（2023）第 156871 号

责任编辑：刘 畅 徐雁秋/责任校对：高 嵘

责任印制：彭 超/封面设计：陈 敬

科 学 出 版 社 出版

北京东黄城根北街 16 号

邮政编码：100717

http://www.sciencep.com

北京科印技术咨询服务有限公司数码印刷分部印刷

科学出版社发行 各地新华书店经销

*

开本：720×1000 1/16

2023 年 11 月第 一 版 印张：7 1/2

2024 年 8 月第二次印刷 字数：150 000

定价：79.00 元

（如有印装质量问题，我社负责调换）

“博士后文库”序言

1985 年，在李政道先生的倡议和邓小平同志的亲自关怀下，我国建立了博士后制度，同时设立了博士后科学基金。30 多年来，在党和国家的高度重视下，在社会各方面的关心和支持下，博士后制度为我国培养了一大批青年高层次创新人才。在这一过程中，博士后科学基金发挥了不可替代的独特作用。

博士后科学基金是中国特色博士后制度的重要组成部分，专门用于资助博士后研究人员开展创新探索。博士后科学基金的资助，对正处于独立科研生涯起步阶段的博士后研究人员来说，适逢其时，有利于培养他们独立的科研人格、在选题方面的竞争意识以及负责的精神，是他们独立从事科研工作的“第一桶金”。尽管博士后科学基金资助金额不大，但对博士后青年创新人才的培养和激励作用不可估量。四两拨千斤，博士后科学基金有效地推动了博士后研究人员迅速成长为高水平的研究人才，“小基金发挥了大作用”。

在博士后科学基金的资助下，博士后研究人员的优秀学术成果不断涌现。2013 年，为提高博士后科学基金的资助效益，中国博士后科学基金会联合科学出版社开展了博士后优秀学术专著出版资助工作，通过专家评审遴选出优秀的博士后学术著作，收入“博士后文库”，由博士后科学基金资助、科学出版社出版。我们希望，借此打造专属于博士后学术创新的旗舰图书品牌，激励博士后研究人员潜心科研，扎实治学，提升博士后优秀学术成果的社会影响力。

2015 年，国务院办公厅印发了《关于改革完善博士后制度的意见》（国办发〔2015〕87 号），将“实施自然科学、人文社会科学优秀博士后论著出版支持计划”作为“十三五”期间博士后工作的重要内容和提升博士后研究人员培养质量的重要手段，这更加凸显了出版资助工作的意义。我相信，我们提供的这个出版资助平台将对博士后研究人员激发创新智慧、凝聚创新力量发挥独特的作用，促使博士后研究人员的创新成果更好地服务于创新驱动发展战略和创新型国家的建设。

祝愿广大博士后研究人员在博士后科学基金的资助下早日成长为栋梁之才，为实现中华民族伟大复兴的中国梦做出更大的贡献。

中国博士后科学基金会理事长

前　言

随着全球工业化和城市化的快速发展，国内外许多河流污染严重，水质恶化，导致河流生态系统逐步退化。对生态受损的河流生态系统进行修复、有效治理日趋恶化的水环境，是改善水体环境、提高水生态系统稳定性、实现水资源高效可持续发展和人与自然和谐共处的关键。

针对上述问题，河流生态修复应运而生。它通过生态、工程等方法，对受损水系统中的生物群落和结构进行修复，对水生态系统健康进行重建，通过对河流主体功能的修复及加强，满足水生态系统自给自足的动态平衡和良性循环。其中，通过生态构建方法在修复区域内有重点、分层次地进行生态修复是常用手段，例如采取生态护岸、生态护坡及生物修复等措施。水生植物是水生态系统的重要组成部分，其通过微生物代谢和自身吸收等作用起到净化水体的作用，被广泛应用于河道、湿地水生态治理与修复工程中。

然而植被作用下的水流流动是非常复杂的，系统科学地进行河流生态修复需要对其生态系统结构和功能，包括水流中流场特性、能量损失特性、污染物输移特性、水质净化生化过程及水流中生物运动规律有充分的认识。植被对水流的作用体现在三个方面。①从水动力学角度，水生植物通过发达的根系固定在浅滩和边坡上，可以抵御水流的冲刷，起到保护河岸边坡及维持河床稳定的作用。②从水环境的角度，水生植物的茎、叶和表皮具有较强的吸收能力，通过生化作用和物理作用，可以起到净化水体的功能。例如，挺水植物通过微生物代谢和自身吸收作用可以有效地固氮固磷，常用于湿地等水生态系统的修复。③从水生态角度，水生植物为水体中的生物提供了食物来源和适宜栖息的场所，从而对生物多样性的维持和保护起着积极作用。

本书首先从小尺度粗糙物影响下的水流特性开始，引出植被存在情况下的水流特性相比小尺度粗糙物会有显著不同的结论。根据紊流相关理论，总结植被水流流场的三个区域，即靠近植被底部附近的卡门涡街控制区、在植被顶部附近由于流速差形成的混合层区，以及植被顶部以上的边界层控制区。接着，针对植被存在情况下流速分布特性进行研究，采用数值解和解析解的方法对水流控制方程进行求解，给出植被水流的流速计算方法及总流速预测模型。然后，在整合深化已有研究的基础上，系统地提出植被粗糙度概念，将经典的尼古拉兹阻流理论模式拓展应用到大尺度粗糙物，提出植被化特征参数“植被化水力半径”和“植被粗糙度”的新概念，并基于流体力学多种理论，建立紊流情况下植被水流能量损失与植被化水力半径和植被粗糙度的关系。最后，通过进一步深化植被阻流机理研究，针对挺水和沉水植物下的达西-魏斯巴赫阻力系数构建数学模型，全面探寻紊流条件下水流的能量损失机理及拖曳力系数变化规律，完善植被增阻和减阻效应的研究。

本书主要创新成果如下。

（1）针对植被存在情况下的流速分布特性进行研究，通过构建植被形状函数模型，采用解析方法对水流控制方程进行求解，得到流速的垂向分布解析解模型。

（2）基于植被水流流速垂向分布的一阶数值模型，探寻并量化不同水层之间的流速关系，构建植被阻力效应与植被淹没度和植被阻力长度尺度的数学模型，建立植被存在情况下的总流速预测模型。

（3）将经典的基于小尺度粗糙物的尼古拉兹阻流理论拓展到大尺度粗糙物，针对植被提出植被粗糙度和植被化水力半径计算方法，基于理论分析与数学方程推导，得到紊流情况下植被水流阻力系数与植被化水力半径和植被粗糙度的关系。

（4）采用理论推导与实验相结合的方法，揭示植被拖曳力系数与雷诺数及植被密集度的变化规律，给出植被阻力效应分区方法，完善植被对水流的增阻效应和减阻效应研究。

（5）针对挺水和沉水植被情况下的水流运动，构建达西-魏斯巴赫阻力系数与植被属性及水流特性的数学模型，同时给出相应的计算方法，进一步揭示植被影响下的水流能量损失机理。

本书研究成果揭示植被环境下的水流运动规律与植被种类、形态、密集度等的关系，阐明植被阻力系数、水流流场特征、湍流紊动特性，为系统科学地进行植被生态修复提供水动力学理论基础。

本书研究内容得到了多个项目资助，包括国家自然科学基金项目“全流态过程植被水流的能量损失机理研究”，中国博士后科学基金面上资助项目“植被化明渠水流的流速分布及沿程水头损失系数特性研究”，中国博士后科学基金特别资助项目“紊流条件下水生植被的相对粗糙度定量化研究”。

植被与水流相互作用的水动力学机理涉及环境与河流动力学，愿与同仁共同交流和探讨。在本书的写作过程中，作者力求审慎，但由于水平有限，书中不足之处在所难免，敬请广大读者提出宝贵意见。

王伟杰

2023 年 5 月

目　　录

第1章

绪　　论

1.1 概 述

近年来，水污染问题日渐严重，引起了人们对人水和谐理念的广泛思考，如何恢复受损河流的生物多样性和自然景观多样性被专家学者和公众广泛关注。为了有效恢复河渠的生态功能并保证其输水与行洪能力，需要在传统水利建设基础上充分考虑生态学的功能，大力推动生态文明建设和绿色转型，拓展新路径、实现新突破。为维持自然生态的可持续发展，水生植物的生态修复功能被广泛应用于修复已遭破坏的河湖生态系统。

自然界植物种类繁多，仅水生植物就有沉水植物、挺水植物和漂浮植物等，且同一种植物不同生长期的形态也是千差万别。植被在影响水体的动力学过程、生态平衡和环境保护等方面起着重要作用，植物群落在改善水质、减轻侵蚀的同时，也增加了对水流的阻力，减缓了河道流速，提高了水位，降低了河流的过流能力，从而增大了洪涝灾害的风险。许多研究致力于这一主题，已对植被进行了水槽实验、植物原型实验等，也进行了许多理论和数值解的相关研究。开展这一研究不仅为河渠行洪能力的设计、能量损失特性、水质净化、环境污染治理、河湖生态修复等提供科学依据，有较高的实际应用价值，还对水生态学、水文学、水力学及紊流力学等具有重要的基础理论意义。

1.2 国内外研究进展

水流中流场特性、能量损失特性、污染物输移特性、水质净化物理过程及化学过程均与植被息息相关，植被存在下的水流运动在学术上称为植被水流，得到了国内外很多学者的关注（Xian et al.，2017；Wang et al.，2013；Katul et al.，2011；Cheng，2011；Järvelä，2005；Ghisalberti et al.，2004；Carollo et al.，2002）。主流研究方法是采用经典的纳维-斯托克斯方程（Navier-Stokes equation，N-S 方程），并将其进行雷诺平均化处理，同时将植被对水流的形状阻力概化为空间上的拖曳力进行研究（刘昭伟 等，2011；Poggi et al.，2004a）。在形态上，主要将植被概化为圆柱体（Wang et al.，2015b；Cheng，2011；Tanino et al.，2008；Dunn et al.，1996），并且对植被阻流效应的研究大多针对单一因素展开，如对植被的拖曳力系数特性进行研究（Cheng，2012；Gosselin et al.，2010；James et al.，2004）、对植被密度特性进行研究（Poggi et al.，2004c）、对植被排列分布形式进行研究（Liu et al.，2008）、从多层植被角度进行研究（郝文龙 等，2017）、从植被的柔韧性角度进行研究（Okamoto et al.，2010；Ghisalberti et al.，2006；Järvelä，2005），以及从不同的河道形式角度进行研究（张明亮 等，2009；曾琳 等，2009；王海胜 等，2009）。

植被和河流流动之间的相互作用复杂且相互关联。河流流动的许多基本过程在物理上与其他水文应用相同，如陆地水流路径和陆地植被的气流建模（de Langre，2008）。植物生长增加了流动阻力，降低了平均流速，从而提高了水位，并影响了混合和输运过程（Nepf，2012；Aberle et al.，2010）。植被区域通过降低流速和增加湍流强度改变生物地球化学过程或水力停留时间（Caroppi et al.，2019），因此其对水化学和质量具有重要影响（Findlay，1995）。植被在泛滥平原上捕获沉积物、颗粒物和污染物（Le Bouteiller et al.，2015）。河岸植被吸收溶解的营养物质，从而减少富营养化（Luhar et al.，2013；Clarke，2002），在较长的时间尺度上，生长有水生或河岸植被的区域可以作为沉积物和污染物的源或汇（Naiman et al.，1997）。

许多河流的研究和管理目的需要准确地估计水流阻力，预测水位、河道几何形状和地貌的变化（Gurnell，2014）。这就需要细化天然植物与水流参数的分析，模型计算需要不断适应变化的环境条件。从河流管理的角度来看，人们越来越关注基于自然的解决方案，并减少与传统硬水利工程实践相关的不利环境影响（Baczyk et al.，2018；Rowiński et al.，2018；deVriend et al.，2015）。

1.2.1　植被阻力特性研究

植被的存在使河道中的水流阻力显著增大，国内外学者针对植被阻力系数及阻流机理做了大量的研究工作（蒋北寒 等，2012；江春波 等，2009；刘超 等，2009；唐洪武 等，2007；吴福生 等，2007；Lee et al.，2004；王忖 等，2003；Järvelä，2002；Stephan et al.，2002；Kouwen et al.，2000）。实验是探寻植被影响下水流特性的有力方法（Liu et al.，2016；Wang et al.，2015a，2015b，2014；Tang et al.，2014，2007a，2007b）。国内外许多学者针对植被不同类型、植被不同排列方式，以及不同来流条件进行广泛的植被水流实验研究（Ozan，2018；Zhan et al.，2017；Fathi-Moghadam et al.，2011；Chen，2010；Carollo et al.，2005；Stephan et al.，2002；Wu et al.，1999；Li et al.，1973；Hsieh，1964）。有些学者主要从涡的发展过程开展研究，探寻对流扩散和物质输移在水流方向上的变化规律（Tang et al.，2013；Maltese et al.，2007；Folkard，2005），基于刚性植被研究从边界层到混合

层的发展过程（Okamoto et al.，2013），并对植被水流的研究从一维逐渐发展到三维、从概化的刚性植被发展到真实的柔性植被（Wang et al.，2018b，2015b；Huai et al.，2014，2013；Dunn，1996；Pasche et al.，1985）。柔性植被在水流的作用下会发生茎秆弯曲和叶片摆动现象，相比刚性植被更加复杂（Righetti，2008；Järvelä，2002；Nepf et al.，2000；Kouwen，1992；Kouwen et al.，1981）。Ghisalberti等（2009）通过实验研究柔性植被摆动的monami现象并得到植被柔韧度对水流结构的影响。

针对刚性植被对水流的阻力效应，唐洪武等（2007）基于水流阻力等效原则，提出了综合曼宁糙率系数和等效植物附加曼宁系数的计算公式。Poggi等（2009）采用一阶闭合模型，用涡黏性理论描述紊流切应力，通过量纲分析的方法得到植被作用下的达西-魏斯巴赫阻力系数与三个植被化特征长度尺度相关，即水深、植被高度及植被化阻力长度。在此基础上，美国Katul等（2011）研究了植被对洪水演进机理的作用，他们的解析解揭示了不同淹没度下的植被阻力特性。Hui等（2010）通过实验研究得到植被化水域中阻力系数沿垂向的变化特征，同时得到阻力系数与植被化特征参数的相关关系。Cheng等（2010）通过构建植被化的特征参数，包含植被化水力半径、植被化雷诺数，并基于多组实验工况的结果，揭示了植被的拖曳力系数与植被化雷诺数呈近似负相关关系。美国Konings等（2012）提出了唯象理论，巧妙地将涡的运动特性引入混合层理论，揭示了植被的阻力特点。美国麻省理工学院Nepf（2012）的研究揭示了植被水流中不同区域的主导涡的特性，揭示了基于植被阻力的开尔文-亥姆霍兹（Kelvin-Helmholtz，K-H）涡入侵深度规律。Wang等（2015b）对非恒定流条件下的非淹没刚性植被的阻流机理进行了研究，揭示了植被的拖曳力系数与流动雷诺数的相关关系，即随着雷诺数增加，拖曳力系数会先增大后减小，呈现类似抛物线的特性，完善了降雨径流后植被对水流的阻力效应。澳大利亚Etminan等（2017）基于植被密集度、有效过水断面等植被化特征参数，提出新的植被拖曳力系数公式。Wang等（2019a）在总结大量室内水槽实验的基础上，针对刚性植被在水流中的拖曳力系数变化规律，提出新的阻力系数公式，并通过对比不同植被密集度、植被化雷诺数条件下的植被拖曳力系数，揭示了植被“增阻效应”和“减阻效应”的产生机理，进一步完善了刚性植被对水流的阻力效应研究。

植被诱导的粗糙度、流动阻力或阻力用不同的方式表示。根据模型尺寸，通常使用达西-魏斯巴赫摩擦系数f、曼宁系数n或谢才系数C。目前，许多水文和水力模型依赖使用文献或专业判断确定的流量阻力值，容易产生较大的不确定性和误差。一方面，由于水流阻力对植被密度、平均流速和水位有强依赖性，恒阻值的应用是不可靠的。然而，对于简单植被，推导出的流动阻力系数通常用于一维水文和水力模型，适用于大范围的植被密度和平均流速；在极少数情况下，粗糙度系数根据水深而变化，应动态地考虑植物灵活性或水流阶段变化引起的阻力变化。另一方面，预测天然洪泛平原的植被流动阻力仍较困难，像生长着多种植被类型的组合（如较短的草、较高的柔性灌木和乔木等多种组合）。这使植被特征产生了很大的可变性，需要在建模过程中解决，并使常采用的将植被简化为刚性圆柱元素的模型产生不确定性。为了解决这些差距，人们提出了改进的流动阻力参数化方法，该方法适用于不同密度、流速和淹没程度的各种植物，如从刚性茎干到柔性叶状植物。植被密度越来越多地表示为单位体积 a 的参考面积，并且植被叶面积指数（leaf area index，LAI）被广泛应用于大量的模型中，包括流动阻力公式等。

1.2.2 水流运动特性研究

植被化河道的水流运动特性是环境水力学的重要研究方向之一，其主要的研究内容包括水流的分层结构特性、流场特性及紊动特性等。

从水流的分层结构特性角度考虑，基于水流结构划分，在垂向上根据植被在水流中的位置及水流紊动特性的不同，可以将流动区域沿垂向分为单层、两层、三层或四层展开研究，其中包括黏性底层区、尾涡修正区、混合层及边界层等（Wang et al.，2019b；Cheng，2015；王文雍 等，2012；Huai et al.，2009；时钟 等，2003）。例如，Cheng（2015）将植被化的水流等效为单层流动进行研究，通过理论推导和实验相结合的方法得到水深平均流速的表达方式。Klopstra 等（1997）对淹没植被提出了流速解析解模型，将水流分为植被层和植被层上方的自由水层分别求解，其中在植被层中采用布西内斯克的涡黏性模型描述紊流切应力，在自由水层中采用普朗特混合长度理论得到对数分布的流速模型。李艳红等（2003）在室内水槽中模拟有狐尾藻（*Myriophyllum*）和黑藻（*Hydrilla*）两种植物存在的河流环境，并采用尼克松微流仪测量水中不同植物密度、流量和测量位置下垂向上的水流流速分布，得出不同水层的流动特性。刘昭伟等（2011）对灌木丛植被影响下的二维流场进行研究，充分考虑灌木挡水宽度的形态变化，基于混合长度模型求解得到纵向流速的垂向分布两层模型。Yang 等（2010）假定植被层的流速为均匀分布，对自由水层中流速采用对数分布，并根据植被密度的不同设定稀疏植被与密集植被的阈值，提出与之相对应的流速分布两层模型。Ghisalberti 等（2002）开展水槽实验研究淹没植被水流的动力学特性，结果发现植被顶部附近的立面二维流速分布并不满足对数分布规律，而是展现出双曲正切分布的规律，并在植被顶部区域提出了新的基于开尔文-亥姆霍兹不稳定性的植被化水流混合层理论。Huai 等（2009）将植被水流分为三层来研究，其中针对紊动特性及涡结构的不同，将植被层进一步细分为植被层上部和植被层下部两个子区域，通过理论分析与推导得到不同水层的流速分布。Nikora 等（2013）根据不同紊动特性及涡结构的控制区域，将垂向上的水体运动细分为 4 层，包括植被层匀速运动区、混合层区、边界层对数率区及尾涡修正函数区。另外，根据植被在沿河宽方向上的布置形式及覆盖度，可以在横向上将水流运动区域划分为主槽区、混合区、植被区、边壁区等（蒋北寒 等，2012；刘超 等，2012a；王海胜 等，2009；杨克君 等，2006）。不同流动区域的水流涡结构及雷诺应力的特点是不同的，需要求解与之相对应的水流控制方程得到水流的运动情况。杨克君等（2006）通过水槽实验研究了不同植被对复式河槽中水流流速分布的影响，并从实验得出：在滩地未种树时，大水深情况下的水流流速符合对数分布规律；而在滩地有树存在时，流速分布较复杂。罗宪等（2010）通过水槽实验，并在横向上分不同区域研究植被高度对复式河槽流速分布的影响。实验结果表明，在滩地无植被情况下，流速分布满足对数分布规律；然而滩地种树后，主槽流速显著增大，滩地流速减小，流速呈 S 形分布。

对于水流场特性的描述，根据计算方法的不同，主要有数值模拟和解析模型两大类（Wang et al.，2019b；Liu et al.，2012；Huai et al.，2009；Baptist et al.，2007；Huthoff et al.，2007；Uittenbogaard，2003）。其中，数值模拟通过建立流动区域的网格，采用不同的离散格式计算得到精细化的水流运动（Stoesser et al.，2009，2006）。例如，曾琳等（2009）采用雷诺应力模型（Reynolds stress model，RSM）对乔木作用下的非对称复式河槽水流的三维紊流进行了数值模拟，并与标准 k-epsilon（k-ε）模型进行比较。数值计算结果与实验结果的比较表明，RSM 能较好地模拟滩槽交互区内的二次流和主流速分布。槐文信等（2011）采用多孔介质理论，研究并得出了部分植被存在下矩形河槽中水流的流速分布解析解。Wang 等（2019a）通过巧妙构建植被的形状函数模型，并将该模型加入水流的控制方程中，采用解析的方法求得了沉水植被条件下水流的垂向分布模型，模型计算值与实测值吻合良好。

对于植被化河道水流的紊动特性，Shimizu 等（1991）通过实验与理论分析相结合的方法，提出刚性植被情况下雷诺应力近似服从指数式分布；在此基础上 Dijkstra 等（2010）收集多个实验数据，对比分析了刚性植被和柔性植被情况下的雷诺应力分布，发现刚性植被和柔性植被（倒伏植被除外）情况下的分布形式基本相同，均近似服从指数式分布。White 等（2007）研究了刚性挺水植被与水流交界面处的相干涡结构，通过能谱分析法得到了涡扩散的主频率，研究结果表明涡的传播伴随着猝发现象和扫掠现象，而猝发扫掠造成了水体动量和质量的流通。Chen 等（2013）研究了刚性沉水植被作用下水流结构的调整过程，指出水流发展分为三个阶段：第一阶段为调整阶段，由于植被的存在，植被前段压强增大，流速开始减小，且植被的阻力作用使植被层内水流流速持续减小，植被层顶端产生强烈的向外通量；第二阶段为发展阶段，植被层顶端的混合层逐渐发展，应力开始增大，最终达到某个平衡值；第三阶段为充分发展阶段，此时混合层充分发展，混合层之上的边界层根据边界条件进行调整，最终达到稳定，随后水流速度不再沿程发生变化，达到均匀流动状态。

1.3 研究内容概况

通过以上对含植被河渠的阻力特性及水流运动特性的研究进展分析，采用数学模型推导、实验室实验及数值模拟相结合的方法，确定了本书拟进行的主要研究内容。以水生植被与水流的相互作用为研究点，探究水流流动规律与植被类型、空间分布形式的关系，就植被水流能量损失特性、流场特性开展深入研究，系统量化植被的阻力效应。本书的主要章节安排如下。

第 1 章：主要介绍植被与水流相互作用的研究背景及意义，同时阐述国内外学者的研究情况。

第 2 章：从小尺度粗糙物影响下的水流特性开始，引出植被存在下的水流特性相比小尺度粗糙物会有显著的不同的结论；根据紊流相关理论，植被水流的流场可以分为三个区域，即靠近植被底部附近的卡门涡街控制区、在植被顶部附近由于流速差形成的混合层，以及植被顶部以上的边界层控制区。

第 3 章：针对植被存在情况下的流速分布特性进行研究，采用数值解和解析解的方法对水流控制方程进行求解，给出植被环境流速计算方法及总流速预测模型。

第 4 章：采用数值模拟和遗传算法，对植被影响下的水流能量损失机理进行分析研究，量化水流能量损失系数并进行实验验证。

第 5 章：将经典的尼古拉兹阻流理论模式拓展，提出植被化特征参数“植被化水力半径”和“植被粗糙度”的概念及计算方法，基于流体力学多种理论建立紊流情况下植被水流能量损失与植被化水力半径和植被粗糙度的关系。

第6章：深化植被阻流机理的研究，提出挺水植被和沉水植被情况下的达西-魏斯巴赫阻力系数计算方法，全面探寻紊流条件下水流的能量损失机理及植被拖曳力系数变化规律，完善植被增阻效应和减阻效应的研究。

第7章：对全书阐述的研究做出总结。

第2章

不同尺度粗糙物影响下的水流特性

探寻不同尺度粗糙物影响下的水流特性是环境水力学的研究热点之一。经典的尼古拉兹阻力实验揭示了基于小尺度颗粒粗糙物影响下水流能量损失机理。然而在浅水河道、湿地等环境中，水生植被的尺寸相对较大，植被高度与水深基本同量级，此时植被应被看作大尺度粗糙物，植被的存在给阻力系数（如达西–魏斯巴赫系数）的量化带来了挑战，本章从小尺度粗糙物对水流的影响开始阐述，在此基础上引出大尺度粗糙物（植被）存在情况下的水流运动规律。

2.1　小尺度粗糙物情况下的水流特性

对于水流运动机理的研究，经典的尼古拉兹阻力实验揭示了小尺度粗糙物影响下水流能量损失机理，展现了不同流态下水流能量损失系数与两个特征参数(即雷诺数和相对粗糙度）的关系，其中雷诺数描述水流的流动特性，也指示水流流态；相对粗糙度是指粗糙物的尺寸相较水层厚度的数学描述。这里所述的小尺度粗糙物是指粗糙物尺寸远小于水层厚度或水深（Cheng，2017；Katul et al.，2002）。当雷诺数从小变大时，水流的流态从层流开始，经过紊流光滑区、紊流过渡区，逐步发展到充分发展的紊流区，如图 2.1.1 所示。图中横坐标为水流的雷诺数，纵坐标为水流的能量损失系数，黑点表示不同相对粗糙度情况下水流能量损失情况。该实验结果表明不同流态情况下水流的能量损失与这两个特征参数的关系是不同的（Nikuradse，1933），具体如下。

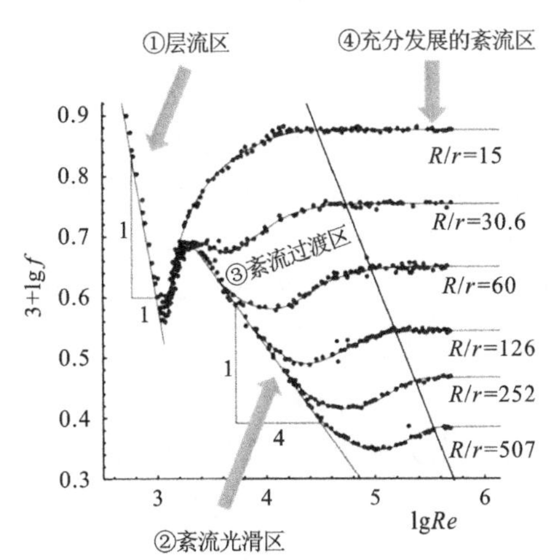

图 2.1.1　表征小尺度粗糙物阻流机理的尼古拉兹实验图

引自 Gioia 等（2006）

f 为达西-魏斯巴赫阻力系数；R 为圆管直径；r 为粗糙度

（1）层流条件下，水流的能量损失系数仅与雷诺数 Re 有关，如图中①所示。

（2）紊流光滑区中，水流的能量损失系数仅与雷诺数 Re 有关，如图中②所示。

（3）紊流过渡区中，水流的能量损失系数不仅与雷诺数 Re 有关，还与相对粗糙度有关，如图中③所示。

（4）充分发展的紊流区中，水流的能量损失系数仅与相对粗糙度有关，如图中

④所示。

该能量损失经典理论是基于小尺度粗糙物（沙粒等）的情形，此时水流的流场结构主要由边界层理论主导：当处于层流状态时，水流流速的立面二维分布呈抛物线型分布；紊流状态呈对数律分布；处于层流和紊流的过渡状态时，其流速分布形态介于抛物线型与对数律分布之间。

天然情况下，水流的流动状态多以紊流为主。因此，以紊流为例，其流速分布表现为经典的对数律分布，如图 2.1.2 所示。

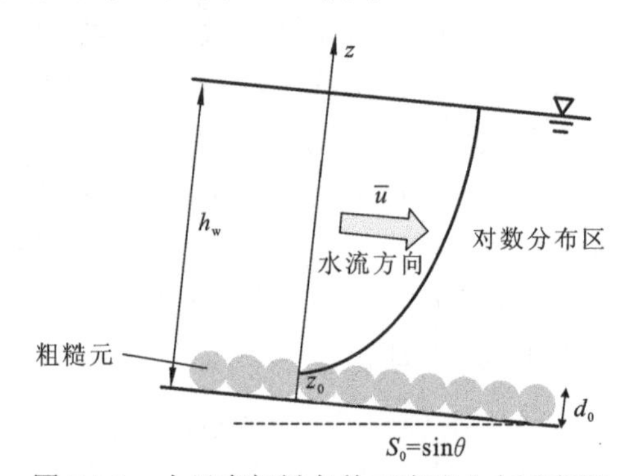

图 2.1.2　小尺度粗糙条件下流速分布示意图

θ 为虚线与底的夹角；u 为流速，$\overline{u}$ 为平均流速；z 为以河床底部起算的垂向距离；z_0 为动量粗糙高度；d_0 为小尺度粗糙物概化后直径；S_0 为河床底坡；h_w 为水深

根据受力分析，可以得到在恒定均匀流条件下，重力分力与河床底部阻力相平衡，即

$$\rho g S_0 h_w = \rho u_*^2 \tag{2.1.1}$$

式中：ρ 为水的密度；g 为重力加速度；S_0 为河床底坡；h_w 为水深；u_* 为摩阻流速，即

$$u_* = \sqrt{gRS_0} \tag{2.1.2}$$

式中：R 为水力半径。

当 $z \gg z_0$ 时，此时零平面位移可以忽略，由经典的普朗特混合长度理论可以得到流速在垂向上的分布规律，如下：

$$\overline{u} = \frac{u_*}{\kappa}\ln\left(\frac{z}{z_0}\right) \tag{2.1.3}$$

式中：$\overline{u}$ 为时均流速；κ 为卡门常数，一般取 0.41；z 为以河床底部起算的垂向距离；z_0 为动量粗糙高度。

Katul 等（2002）基于小尺度粗糙物对水流的影响开展进一步的研究，将曼宁系数 n 与动量粗糙高度 z_0 构建函数关系，得到了经典的 1/7th 幂次律公式（Reynolds，1974；Blasius，1913），如下：

$$n = 0.06 z_0^{1/7} \tag{2.1.4}$$

2.2　大尺度粗糙物情况下的水流特性

2.1 节主要探讨小尺度粗糙物情况下的水流特性，然而对浅水河道及湿地中的水生植被而言，植被的尺寸与水深同量级，应视为大尺度粗糙物，植被对水流的阻力效应是空间上作用的结果。

这种情况下水流的流场特性相较小尺度粗糙物，如高水位情况下河道里主要是鹅卵石等小尺度粗糙物，更为复杂（郑爽 等，2017；Wang et al.，2015c；吴一红 等，2015；Huai et al.，2013；Konings et al.，2012；Nepf，2012；蒋北寒 等，2012；刘超 等，2012a，2012b；刘昭伟 等，2011；张明武，2011；杨克君 等，2006）。图 2.2.1 所示为不同尺度粗糙物存在情况下水流的流动结构特性。

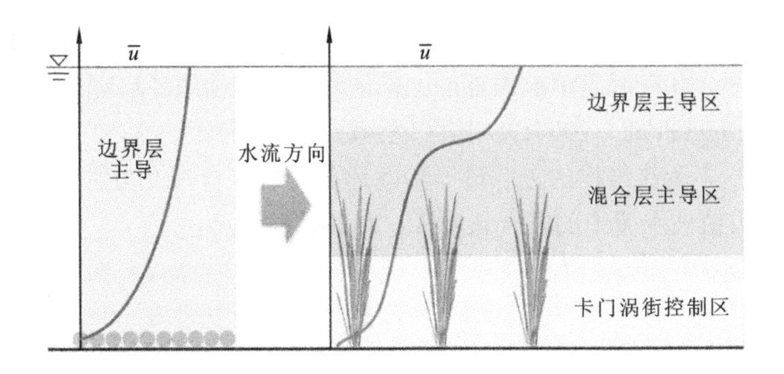

图 2.2.1　小尺度粗糙物（如鹅卵石）与大尺度粗糙物（水生植被）作用下的流场对比

红色曲线表示时均流速 $\overline{u}$ 的垂向分布特性；扫封底二维码可见彩图

这种环境下经典的对数律公式不再适用，植被影响下的水流流场特性（以紊流存在情况为例）相比小尺度粗糙物下的水流流场特性显著不同（Cheng，2017，2014；Katul et al.，2011，2002；Rickenmann et al.，2011； Recking et al.，2008）。此时由于植被的存在，水流结构发生了显著的变化，并且流速分布也变得复杂（Nepf，2012；Nezu et al.，2008；Poggi et al.，2004a），如图 2.2.1 所示。

当植被高度和水深相差不大时，仅基于边界层理论来描述水流的运动特性显然不足（Cheng，2017，2014；Katul et al.，2011，2002；Rickenmann et al.，2011；Recking et al.，2008）。许多学者对此开展了广泛的研究（惠二青 等，2009；江春波 等，2009；刘超 等，2009；唐洪武 等，2007；吴福生 等，2007；王忖 等，2003）。对于小尺度粗糙物，它的摩擦阻力是造成水流能量损失的主因，而在植被水流中，植被的形状阻力是导致水流能量损失的主因（Nepf，2012；房春艳，2010；Nezu et al.，2008；Poggi et al.，2004a）。

因此，植被影响下的水流流动特性需要分层分区来讨论（Wang et al.，2015c；Huai et al.，2014；徐卫刚 等，2013；Huthoff et al.，2007；杨克君 等，2005；Stone et al.，2002）。根据不同的原则有不同的分区分层方法。

（1）根据空间物理结构，植被水流可以分为植被占据的植被层（从河床底部到植被顶部的区域）和植被上部的自由水层。

（2）根据紊流相关理论（Kundu et al.，2004；McComb，1990），植被水流的流场可以分为三个区，如图 2.2.1 右侧划分所示。①在靠近植被底部区域，水流中的紊流涡结构主要由卡门涡街主导（Okamoto et al.，2009；Nezu et al.，2008），该层为卡门涡街控制区。②在植被顶部附近区域，即植被层与自由水层的交界面附近区域，由于水流受到的阻力在垂向上具有不连续性，该区域上下的流速存在较大差异，从而形成混合层（Ghisalberti et al.，2006；Katul et al.，2002），该层为混合层主导区。③在远离植被顶部的上部区域，流场由边界层理论描述（Katul et al.，2011；Poggi et al.，2004c），该区域为边界层主导区。

下面主要基于紊流结构的分区进一步阐述各流层混合长度与主导涡的尺寸的关系，其中 l 为植被水流中的混合长度，L 为主导涡的尺寸。

对于卡门涡街控制区，有如下关系：

$$l_{\mathrm{V}} = L_{\mathrm{V}} = \frac{D}{0.21} \tag{2.2.1}$$

式中：D 为单根植被概化后的宽度。

对于混合层主导区，有如下关系：

$$l_{\mathrm{MIX}} = \frac{L_{\mathrm{MIX}}}{2} = \left.\frac{u(z)}{\mathrm{d}u(z)/\mathrm{d}z}\right|_{z=h_{\mathrm{v}}} \tag{2.2.2}$$

式中：h_{v} 为植被的高度。

关于式（2.2.2）中植被层顶部的流速梯度，有多种方法可以求得。如采用一阶或高阶的数值模型（Poggi et al.，2008；Katul et al.，2002），或通过构建雷诺应力方程，并求解控制方程得到特定工况下的流速解析解模型（Wang et al.，2015c；

Huai et al.，2009）。总之，植被存在情况下的流场特性相较于砂砾石等小尺度粗糙物的情况复杂得多（Konings et al.，2012；Nepf，2012；Stoesser et al.，2010；Luhar et al.，2008）。

对于边界层主导区，有如下关系：

$$l_{\mathrm{CBL}} = L_{\mathrm{CBL}} = z - d \tag{2.2.3}$$

式中：d 为零平面位移。

从下一章开始，将基于本章提出的不同水流结构展开详细系统的研究，从水动力学角度对植被水流进行深入研究，探寻水流流动规律与植被种类、形态、柔性、密度、空间分布形式的关系，针对不同流态下植被水流的能量损失特性、流场结构特性开展深入研究，系统量化植被的阻力效应。

第3章

植被水流流场特性

流速分布特性是植被环境水力学的重要研究方向之一，它关系到流动形式的预测及流量计算。本章对植被环境水流流速分布特性进行研究，首先将沉水植被环境下的水流划分为两个流层，即植被层和自由水层，分别给出对应的控制方程，其中包含描述水流紊动特性的雷诺应力项。接下来，根据雷诺应力的不同表达方式，分别采用数值模型和解析模型的方法求解控制方程，最终得到植被环境流速垂向分布的特性。

3.1　流速分布数值模型

3.1.1　控制方程

在雷诺平均 N-S 方程中引入植被的阻力项，可以得到水流方向上的控制方程（Nepf，2012；Luhar et al.，2008）如下：

$$\frac{Du}{Dt}=gS_0-\frac{1}{\rho}\frac{\partial p}{\partial x}-\frac{\partial\overline{u'w'}}{\partial z}-\frac{\partial\overline{u}''\overline{w}''}{\partial z}+\nu\frac{\partial^2 u}{\partial z^2}-\delta F_{\mathrm{d}} \tag{3.1.1}$$

式中：p 为压强；x 为沿流方向长度；w 为垂直方向的流速；ν 为水的运动黏度。

式（3.1.1）中的关键项：

$$\frac{\partial\overline{u'w'}}{\partial z} \tag{3.1.2}$$

为空间平均的雷诺应力项。

$$\frac{\partial\overline{u}''\overline{w}''}{\partial z} \tag{3.1.3}$$

为在空间和时间平均后新增的离散应力项。研究表明，当植被参数 $mDh_{\mathrm{v}}>0.1$ 时（其中 m 为植被分布密度，即单位河床面积上的植株个数），离散应力项比雷诺应力项的 10%还要小（Poggi et al.，2004b）。

$$\frac{\nu\partial^2 u}{\partial z^2} \tag{3.1.4}$$

为黏性切应力。

$$F_{\mathrm{d}}=\frac{1}{2}C_{\mathrm{d}}mDu^2 \tag{3.1.5}$$

为植被阻力，即拖曳力。其中：C_{d} 为拖曳力系数。在植被层中，$\delta=1\,(z/h_{\mathrm{v}}\leqslant 1)$，在植被上部的自由水层中，$\delta=0\,(z/h_{\mathrm{v}}>1)$。

对恒定均匀流情况下的植被水流开展进一步研究，可知相比雷诺应力项，离散应力项和黏性应力项均可以忽略不计，另外压力项

$$\partial p/\partial x=0 \tag{3.1.6}$$

随后，恒定均匀流条件下的水流控制方程简化为（Poggi et al.，2009，2004c）

$$gS_0-\frac{\partial\overline{u'w'}}{\partial z}-\delta F_{\mathrm{d}}=0 \tag{3.1.7}$$

对于雷诺应力，标准的 K 方程为

$$\overline{u'w'} = -K_m \frac{\mathrm{d}u}{\mathrm{d}z} \tag{3.1.8}$$

式中：K_m 为涡黏性系数，将式（3.1.8）代入控制方程式（3.1.7）中，可得

$$gS_0 + K_m \frac{\mathrm{d}^2 u}{\mathrm{d}z^2} + \frac{\mathrm{d}K_m}{\mathrm{d}z}\frac{\mathrm{d}u}{\mathrm{d}z} - \frac{\delta}{2} C_\mathrm{d} m D u^2 = 0 \tag{3.1.9}$$

3.1.2 参数选取

通过式（3.1.9）求解流速，需要解决两个问题：一是需要已知涡黏性系数的规律，二是需要确定关于植被拖曳力系数 C_d 的量化模型。

（1）对于第一个问题，通过普朗特混合长度模型，涡黏性系数表示为

$$K_m = l_\mathrm{eff}^2 \left|\frac{\mathrm{d}u}{\mathrm{d}z}\right| \tag{3.1.10}$$

式中：l_eff 为有效的混合长度尺度，其为主导涡尺寸的函数。对于植被顶部的边界层，混合长度为

$$l_\mathrm{eff} = \kappa L_\mathrm{CBL} = \kappa(z-d) \tag{3.1.11}$$

式中：d 为零平面位置高度，可由多种方法求得，其中主流的计算方法是基于中心压力法（Jackson，1981），即

$$d = \frac{\int_0^{h_\mathrm{v}} zF_\mathrm{d}(z)\mathrm{d}z}{\int_0^{h_\mathrm{v}} F_\mathrm{d}(z)\mathrm{d}z} \tag{3.1.12}$$

对于植被层，它包含了全部卡门涡街区（植被层下部）及部分的混合层。通过简化的方法，可以得到植被层的混合长度表达式为

$$l_\mathrm{eff} = \psi h_\mathrm{v} \tag{3.1.13}$$

式中：ψ 为常数，可以由混合长度在整个水深上的连续性假设求得，即

$$\psi = \kappa\left(1 - \frac{d}{h_\mathrm{v}}\right) \tag{3.1.14}$$

（2）对于第二个问题，植被拖曳力系数表征植被对水流的阻碍程度，与水流的流态、植被的分布形式、淹没度及柔韧度均有关（Huai et al.，2015，2012）。当忽略植被之间的相互作用时（植被间隔较大，尾涡的相互影响可以忽略），标准的拖曳力系数 $C_\mathrm{d,\,iso}$（Wang et al.，2018a，2015b；Cheng，2012）如下，这个公式适用范围为传统雷诺数 Re_d 在 0.02～2×10^5。

$$C_\mathrm{d,iso} = 11Re_\mathrm{d}^{-0.75} + 0.9\Pi_1 + 1.2\Pi_2 \tag{3.1.15}$$

$$\Pi_1 = 1 - \exp\left(-\frac{1000}{Re_{\mathrm{d}}}\right) \tag{3.1.16}$$

$$\Pi_2 = 1 - \exp\left[-\left(\frac{Re_{\mathrm{d}}}{4\,500}\right)^{0.7}\right] \tag{3.1.17}$$

式（3.1.15）～式（3.1.17）中，基于单根植株宽度的雷诺数计算方法如下：

$$Re_{\mathrm{d}} = \frac{u(z)D}{\nu} \tag{3.1.18}$$

当雷诺数较大（$Re_{\mathrm{d}}>2\times10^5$）时，可以得到标准拖曳力 $C_{\mathrm{d,\,iso}}\approx1.2$。

然而，在大多数情况下，植被间距不大，水流流过植被后的尾涡会相互影响，此时植被之间的相互作用不能忽略（Wang et al.，2015b；Poggi et al.，2004a）。这引起了国内外学者的广泛关注（Cheng，2012；Hui et al.，2010；Boller et al.，2006；Carollo et al.，2005；Järvelä，2002；Katul et al.，2002；Stone et al.，2002）。

一些研究主要针对拖曳力系数的沿程变化，如对于恒定非均匀流情况，拖曳力系数会随着雷诺数呈现出近似抛物线的分布规律（Wang et al.，2015b），即植被的阻力效应随着雷诺数的增大会先增加后减小。加入降雨后（Wang et al.，2018a），降雨也会影响植被与水流的相互作用，当降雨量极大时，拖曳力系数特性将会由抛物线型转变为单调递减型。

对于空间平均的拖曳力系数的研究，Tanino 等（2008）通过水槽实验研究得到植被随机分布情况下的拖曳力系数与雷诺数的规律为单调递减，即拖曳力系数随着雷诺数的增大而减小。同样的规律在多个研究中也有体现。Cheng 等（2010）通过大量的实验数据分析（Stoesser et al.，2010；Kothyari et al.，2009；Ferreira et al.，2009；Liu et al.，2008；Tanino et al.，2008；James et al.，2004；Ishikawa et al.，2000），得到植被丛的拖曳力系数与植被化雷诺数的关系如下：

$$C_{\mathrm{d,array}} = \frac{50}{Re_{\mathrm{v}}} + 0.7\left[1 - \exp\left(-\frac{Re_{\mathrm{v}}}{15\,000}\right)\right] \tag{3.1.19}$$

式中：植被化雷诺数 Re_{v} 的计算方法为

$$Re_{\mathrm{v}} = \frac{\pi(1-\phi)D}{4\phi\nu}u(z) \tag{3.1.20}$$

式中：ϕ 为植被密集度系数。在雷诺数较大（$Re_{\mathrm{v}}>2\times10^5$）和密集度较小情况下，拖曳力系数约为常数，即 $C_{\mathrm{d,\,array}}\approx0.8$。

3.1.3　实验数据收集

本小节采用来自不同研究团队的 300 组植被水流数据验证上述数值解模型，

这些实验数据涵盖了广泛的植被水流工况。其中雷诺数 Re_d 的范围为 61～9 936。弗劳德数 Fr 的范围为 0.004 5～0.564 9，意味着全部工况为缓流，Fr 计算如下：

$$Fr = U_b \Big/ \sqrt{g h_w} \tag{3.1.21}$$

式中：U_b 为断面平均流速。

植被丛拖曳力系数 $C_{d,\,array}$ 的范围为 0.84～6.35，所有工况的平均值为 1.28。各研究团队的具体实验参数见表 3.1.1 及附录。

表 3.1.1　实验数据汇总

参考文献	拖曳力系数 $C_{d,\,array}$	雷诺数 Re_d	弗劳德数 Fr
Dunn（1996）	0.84～1.06	1 891～5421	0.205 7～0.564 9
Ghisalberti 等（2004）	1.66～6.35	61～516	0.004 5～0.037 7
Liu 等（2008）	0.89～1.11	2 028～2774	0.295 7～0.473 0
López 等（2001）	0.84～1.06	1 906～5463	0.205 7～0.564 9
Meijer（1998）	0.89～1.13	1 400～9936	0.039 7～0.276 7
Meijer 等（1999）	1.08	4560	0.1263
Murphy 等（2007）	1.11～3.63	90～1060	0.008 8～0.154 6
Nezu 等（2008）	1.42～4.44	800～960	0.071 4～0.127 8
Poggi 等（2004c）	0.96～1.38	1 200	0.1237
Shimizu 等（1991）	1.09～1.83	65～496	0.082 6～0.352 9
Stone 等（2002）	0.91～1.60	126～5 405	0.027 9～0.443 6
Yan（2008）	1.09～1.87	1 714～1 845	0.170 3～0.276 3
Yang 等（2008）	1.09～1.12	444～622	0.259 2～0.362 9

3.1.4　模型验证

图 3.1.1 展示了模型计算值与实验实测值的对比，其中水深平均流速的计算公式为

$$U_{b,calculated} = \frac{1}{h_w} \int_{z=0}^{z=h_w} u(z)\,dz \tag{3.1.22}$$

结果展示出模型计算值较好地吻合实验实测值，说明上述数值模型可以对流速进行较好的预测。

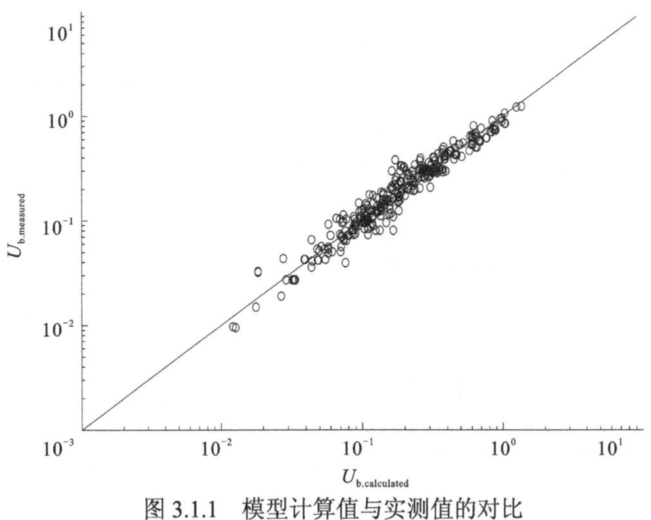

图 3.1.1　模型计算值与实测值的对比

3.2　流速分布解析模型

对于植被宽度沿垂向线性变化的情况，本节基于理论推导和数学模型构建，对水流控制方程采用解析法求解，得到植被层和自由水层的流速分布解析解公式，进一步完善了植被水流的流场研究。

3.2.1　植被层流速解析解

由于植被环境下的水流特性更接近自然界中的真实情况，但目前关于流速的解析解模型的研究还较少，研究空间很大。对于稳定、充分发展的植被环境下的湍流，将流动区域分为植被层和自由水层两层，如图 3.2.1 所示。

基于控制方程式（3.1.7），雷诺应力 τ 采用如下表达式：

$$\tau = \rho \nu_t \frac{\partial u}{\partial z} \tag{3.2.1}$$

式中：运动黏度 ν_t 采用如下表达式（Baptist et al.，2007）：

$$\nu_t = c_p l u(z) \tag{3.2.2}$$

其中：l 为混合长度；c_p 表征紊动强度，由紊动能 k_T 和流速 $u(z)$共同决定，表达式如下：

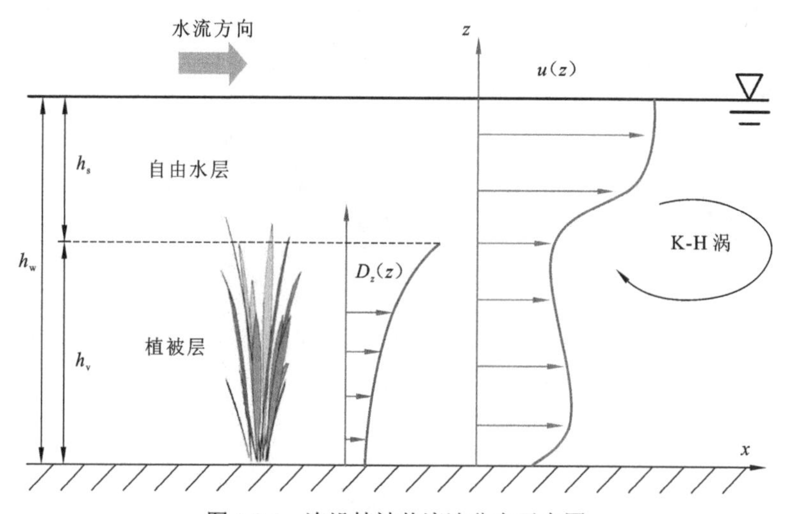

图 3.2.1　淹没植被丛流速分布示意图

h_s为自由水层的高度；$u(z)$为流速

$$c_p = \frac{(1/h_v)\int_0^{h_v}\sqrt{k_T(z)}\mathrm{d}z}{(1/h_v)\int_0^{h_v}u(z)\mathrm{d}z} \tag{3.2.3}$$

将上述雷诺应力模型式（3.2.1）代入控制方程式（3.2.3）中，可以求得

$$\frac{1}{2}c_p l\frac{\partial^2 u^2}{\partial z^2} - \frac{1}{2}C_d m D_z u^2 + gS_f = 0 \tag{3.2.4}$$

式中：D_z表示植被宽度在垂向上的变化特性；S_f为能量坡度。

为了求解方便，将式（3.2.4）改写如下：

$$p_1\frac{\partial^2 u^2}{\partial z^2} + p_2 D_z u^2 + p_3 = 0 \tag{3.2.5}$$

式中各项参数的表达式为

$$\begin{cases} p_1 = \dfrac{1}{2}c_p l \\ p_2 = -\dfrac{1}{2}C_d m \\ p_3 = gS_f \end{cases} \tag{3.2.6}$$

考虑到控制方程式（3.2.5）的可解性及植被的形状，刘昭伟等（2011）提出植被的形状函数，如下：

$$D_{\text{liu-}z} = \frac{(1-2c_{\text{liu1}})D_{\text{liu0}}}{4(c_{\text{liu1}}z/L_{\text{liu}} + c_{\text{liu2}})^2} \tag{3.2.7}$$

式中：c_{liu1}、c_{liu2}、D_{liu0} 及 L_{liu} 均为待定参数。

本书提出新的描述植被形状特征的函数，即植被的宽度沿垂向上的变化趋势函数，如式（3.2.8）所示。相比式（3.2.7），本书提出的函数更加简洁易用。

$$D_z = (q_1 z + q_2)^{-2} \tag{3.2.8}$$

式中：q_1、q_2 由植被形状所决定，$q_1 = \dfrac{D_{\max}^{-\frac{1}{2}} - D_{\min}^{-\frac{1}{2}}}{h_v}$，$q_2 = D_{\min}^{-\frac{1}{2}}$，其中 $D_{\max}$ 为顶部最大宽度，$D_{\min}$ 为底部最小宽度。

将式（3.2.8）代入控制方程式（3.2.3）中，通过解析方法得到植被层的流速分布解析解为

$$u = \sqrt{c_3 (q_1 z + q_2)^{L_1} + c_4 (q_1 z + q_2)^{L_2} + L_3} \tag{3.2.9}$$

式中：各项参数的表达式为

$$\begin{cases} L_1 = \dfrac{q_1\sqrt{p_1} + \sqrt{p_1 q_1^2 - 4p_2}}{2q_1\sqrt{p_1}} \\ L_2 = \dfrac{q_1\sqrt{p_1} - \sqrt{p_1 q_1^2 - 4p_2}}{2q_1\sqrt{p_1}} \\ L_3 = \dfrac{4p_3 (q_1 z + q_2)^2}{p_1 q_1^2 - 4p_2 - 9q_1^2 p_1} \end{cases} \tag{3.2.10}$$

式中：c_3、c_4 为待定参数，可由边界条件求解得到，具体方法如下。

当 $z=0$ 时，由式（3.2.9）可得河床底部的流速为

$$u_0 = \sqrt{c_3 q_2^{L_1} + c_4 q_2^{L_2} + L_3} \tag{3.2.11}$$

而边界的滑移速度为

$$u_{s0} = \sqrt{\frac{2gS_f}{C_d m D_0}} \tag{3.2.12}$$

令河床底部的流速等于滑移速度，即得到关于参数 c_3、c_4 的一个方程，如下：

$$u_0 = \sqrt{c_3 q_2^{L_1} + c_4 q_2^{L_2} + L_3} = u_{s0} \tag{3.2.13}$$

另一方面，植被层的剪切力与自由水层的剪切力在植被顶部是相等的（Wang et al.，2015c；Yang et al.，2010；Klopstra et al.，1997），即

$$\tau_{CL}\big|_{z=h_v} = \tau_{SL}\big|_{z=h_v} \tag{3.2.14}$$

式中：植被层在植被顶部的剪切力为

$$\tau_{\mathrm{CL}}\big|_{z=h_{\mathrm{v}}}=\rho c_p l\left(u\frac{\partial u}{\partial z}\right)\bigg|_{z=h_{\mathrm{v}}} \tag{3.2.15}$$

自由水层在植被顶部的剪切力为

$$\tau_{\mathrm{SL}}\big|_{z=h_{\mathrm{v}}}=\rho g h_{\mathrm{s}} S_f \tag{3.2.16}$$

通过联立求解式（3.2.13）和式（3.2.14），得到参数 c_3、c_4 的表达式为

$$c_3=\frac{q_1 L_2 (L_3-u_{\mathrm{s0}}^2)(h_{\mathrm{v}}q_1+q_2)^{L_2-1}+2g h_{\mathrm{s}} S_f q_2^{L_2}(c_p l)^{-1}}{q_1 q_2^{L_2} L_1 (h_{\mathrm{v}}q_1+q_2)^{L_1-1}-q_1 q_2^{L_1} L_2 (h_{\mathrm{v}}q_1+q_2)^{L_2-1}} \tag{3.2.17}$$

$$c_4=\frac{(L_1 L_3-L_1 u_{\mathrm{s0}}^2)(h_{\mathrm{v}}q_1+q_2)^{L_1}+2g h_{\mathrm{s}} S_f (h_{\mathrm{v}}q_1 q_2^{L_1}+q_2^{L_1+1})(q_1 c_p l)^{-1}}{L_2 q_2^{L_1}(h_{\mathrm{v}}q_1+q_2)^{L_2}-L_1 q_2^{L_2}(h_{\mathrm{v}}q_1+q_2)^{L_1}} \tag{3.2.18}$$

3.2.2　自由水层流速解析解

对于自由水层，没有植被拖曳力的直接作用，其控制方程表示为

$$\frac{\partial \tau}{\partial z}+\rho g S_0=0 \tag{3.2.19}$$

式中：S_0 为底坡。自由水层的雷诺应力采用一阶形式：

$$\tau_{\mathrm{SL}}=\rho k_n u_* z\frac{\partial u}{\partial z} \tag{3.2.20}$$

式中：k_n 为湍流指数。

求解控制方程式（3.2.19）得到自由水层的流速解析解为

$$u=-\frac{g S_f}{k_n u_*}z+c_5\ln z+c_6 \tag{3.2.21}$$

式中：参数 c_5、c_6 可由如下边界条件求解，即植被层的流速与自由水层的流速在植被顶部处相等，以及水面处的流速梯度为零。

$$u_{h_{\mathrm{v}}}^{\mathrm{SL}}=u_{h_{\mathrm{v}}}^{\mathrm{CL}} \tag{3.2.22}$$

$$\frac{\partial u}{\partial z}\bigg|_{z=h_{\mathrm{w}}}=0 \tag{3.2.23}$$

3.2.3　数据搜集与汇总

为了验证解析模型的有效性，收集不同学者的实验数据，汇总如表 3.2.1 所示。

表 3.2.1　实验数据汇总

数据类型		水深 h_w/m	植被高度 h_v/m	植被最大宽度 D_{max}/m	植被最小宽度 D_{min}/m	植被密度 m/（株/m^2）	拖曳力系数 C_d	综合湍流强度系数 c_pl /（$\times10^{-4}$m）	湍流指数 k_n/（$\times10^{-3}$m）
Huai 等（2019）	Case 1	0.27	0.165	0.170	0.020	43.3	0.13	5.0	40
	Case 2	0.27	0.175	0.170	0.020	108.3	0.17	4.5	40
	Case 3	0.33	0.190	0.170	0.020	108.3	1.3	12	50
Liu 等（2012）	Case 1	0.45	0.255	0.200	0.050	15.71	1.5	30	50
	Case 2	0.45	0.255	0.200	0.050	7.85	1.5	32	45
Nepf 等（2000）	Case 1	0.44	0.140	0.017	0.005	330	0.5	10	60

3.2.4　流场模型验证

将本章构建的流速解析解模型与实验实测数据进行对比，结果如图 3.2.2 所示。图中实线为模型计算值，圆圈为不同工况下的流速实测值。通过图像可以看出本模型流速预测较为准确，说明本章针对植被环境条件提出的流场计算模型是切实有效的。

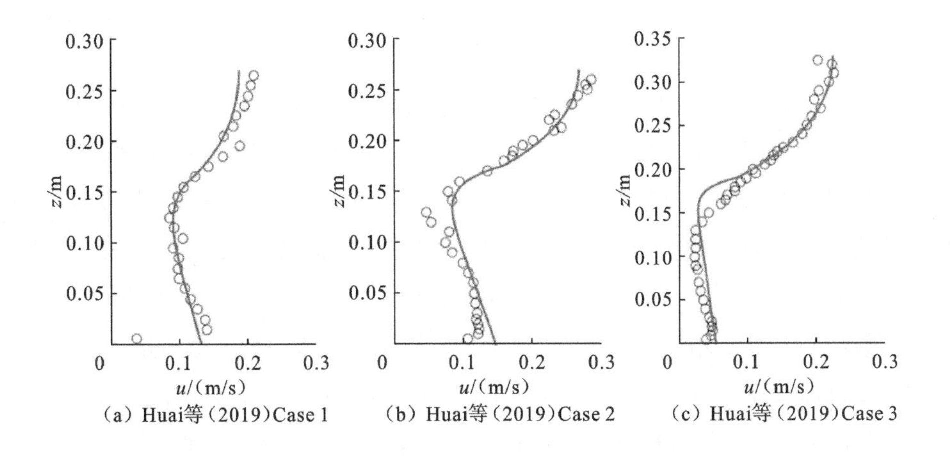

（a）Huai等（2019）Case 1　（b）Huai等（2019）Case 2　（c）Huai等（2019）Case 3

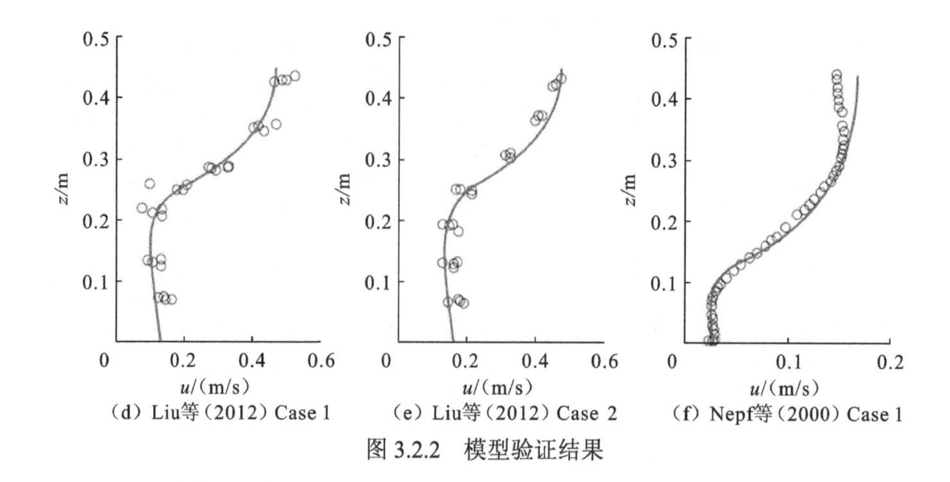

图 3.2.2 模型验证结果

3.2.5 参数讨论

拖曳力系数 C_d 是量化阻力的关键因素（Wang et al.，2018a；Nepf et al.，2008；Baptist et al.，2007）。对于单一圆柱体，局部 C_d 可由 Cheng（2012）方法计算得到。

$$C_{d,iso}=11Re_d^{-0.75}+0.9\Gamma_1(Re_d)+1.2\Gamma_2(Re_d) \tag{3.2.24}$$

其中，

$$\Gamma_1(Re_d)=1-\exp\left(-\frac{1\,000}{Re_d}\right) \tag{3.2.25}$$

$$\Gamma_2(Re_d)=1-\exp\left[-\left(\frac{Re_d}{4\,500}\right)^{0.7}\right] \tag{3.2.26}$$

式中：圆柱雷诺数 $Re_d=UD/\nu$，U 为表层流速。然而，对于通过植被群的水流流动，阻力机制变得复杂，植被群的 C_d 与单独植被的 $C_{d,iso}$ 有很大的不同。仅考虑植被密度对阻力系数的影响时，C_d 在植被密度增加时（Etminan et al.，2017）呈现增加趋势（Stoesser et al.，2010；Tanino et al.，2008）或降低趋势（Lee et al.，2004；Nepf，1999）。这表明，植被群的阻力不能仅通过植被密度来评估，因此引入植被化雷诺数，$Re_v=(R_v/D)Re_d$，其中 R_v 为植被化水力半径。大量实验表明，圆柱形冠层的 C_d 随植被化雷诺数(Re_v)的增加而单调下降(Stoesser et al.,2010; Ferreira et al.,2009；Kothyari et al.，2009；Tanino et al.，2008；Liu et al.，2008；James et al.，2004；Ishikawa et al.，2000)，可以表示为（Wang et al.，2019b）

$$C_{\mathrm{d,\,wang}}=0.819+\frac{58.5}{\sqrt{\frac{\pi(1-\phi)}{4\phi}Re_{\mathrm{d}}}} \tag{3.2.27}$$

然而植被直径 D_z 在垂直方向上发生变化，采用这些公式时需要计算平均宽度 D_{ave}，形状函数公式为

$$D_z=\frac{1}{(q_1 z+q_2)^2} \tag{3.2.28}$$

式中：q_1 和 q_2 由植被的物理形状决定。平均宽度 D_{ave} 由下式计算：

$$D_{\mathrm{ave}}=\frac{1}{q_2(q_1 h_{\mathrm{v}}+q_2)} \tag{3.2.29}$$

那么具有可变正面宽度的植雷诺数为

$$Re_{\mathrm{d}}=\frac{U_{\mathrm{v}}D_{\mathrm{ave}}}{\nu} \tag{3.2.30}$$

式中：U_{v} 为植被层的平均流速。

由于式（3.2.24）和式（3.2.27）的 C_{d} 公式主要是基于具有恒定宽度 D 的圆柱或条带推导出来的，而图 3.2.3（a）与（b）表明使用方程计算得到的 C_{d} 预测值与实测值有偏差，说明它们不适用于具有可变 D_z 的植被，其中 C_{d} 实测值是通过将计算的速度剖面与实测值相匹配获得的。因此，这里的阻力系数 C_{d} 需要用变化的宽度来反映上述植被形状。通过将传统雷诺数与植物形态描述符结合，提出以下新的公式：

$$C_{\mathrm{d,\,new}}=\frac{Re_{\mathrm{d}}}{1110}\left(\frac{2D_{\min}-D_{\mathrm{ave}}}{D_{\mathrm{ave}}}\right)+\left(\frac{51.4D_{\mathrm{ave}}-9.85D_{\max}-60.5D_{\min}}{D_{\mathrm{ave}}}\right) \tag{3.2.31}$$

应用式（3.2.31）与测量值进行对比[图 3.2.3（c）]，结果显示出很好的一致性，证明所提出的方程与实测值非常匹配。

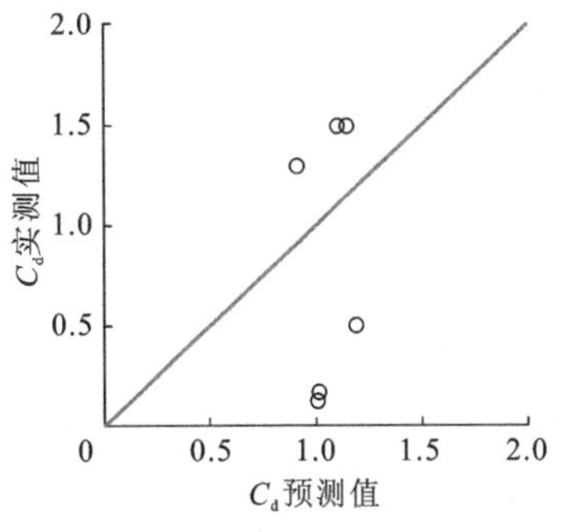

（a）由式（3.2.24）计算的 C_{d} 预测值和实测值的比较

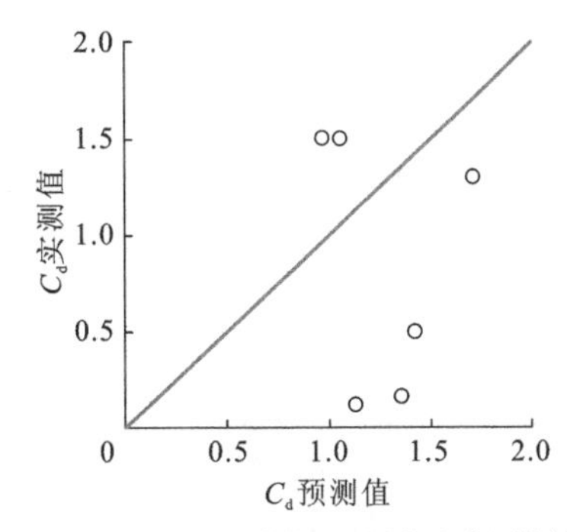

（b）由式（3.2.27）计算的 C_{d} 预测值和实测值的比较

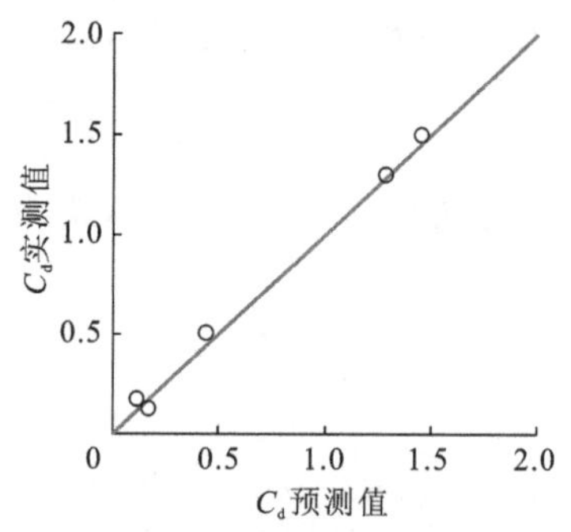

（c）由式（3.2.31）计算的C_d预测值和实测值的比较

图 3.2.3　阻力系数实测值和预测值的比较

进一步的研究发现，湍流 c_p 和混合长度 l 的乘积不随垂直高度 z 变化（van Velzen et al.，2003；Liu et al.，2012），可表示为层高的函数

$$c_p l = 0.015\sqrt{h_v h_w} \tag{3.2.32}$$

Baptist 等（2007）改进了这种表达方式，使用 Nepf 等（2000）的数据得到

$$c_p l = \frac{h_s}{20} \tag{3.2.33}$$

式中：h_s 为自由水层高度。

根据各层的高度，对可变正面宽度的植被提出了一种新的经验表达式，如下：

$$c_p l = \frac{1}{42}h_w - \frac{1}{60}h_s - \frac{1}{233} \tag{3.2.34}$$

然而，测量的 $c_p l$ 值与式（3.2.32）和式（3.2.33）计算的值之间的比较表明它们不适用于不同形状的植被，见图 3.2.4（a）和（b）。从图 3.2.4（c）可以看出，式（3.2.34）的拟合效果良好。

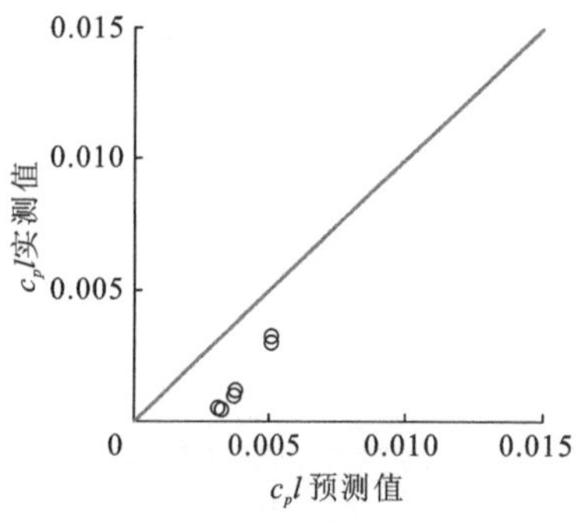

（a）由式（3.2.32）计算的$c_p l$ 预测值和实测值的比较

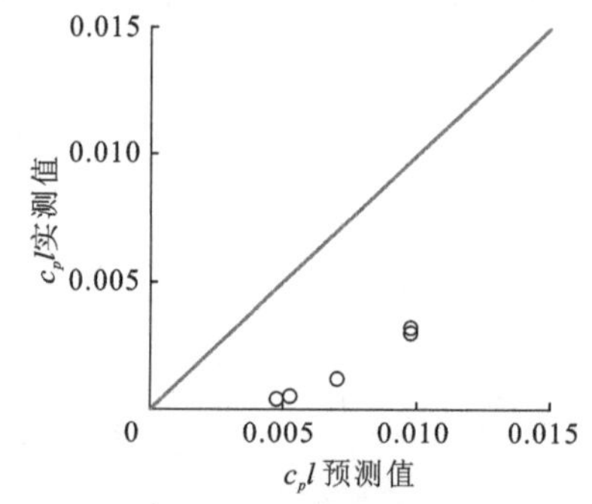

（b）由式（3.2.33）计算的$c_p l$ 预测值和实测值的比较

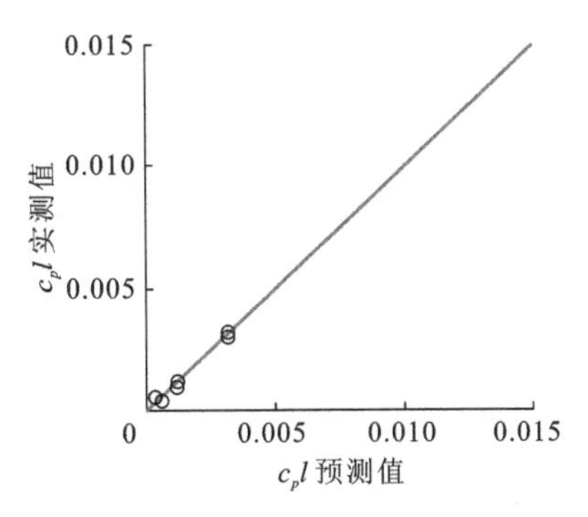

(c) 由式(3.2.34)计算的 $c_p l$ 预测值和实测值的比较

图 3.2.4　植被层综合湍流强度系数 $c_p l$ 实测值与预测值的比较

传统的对数公式可以表示为

$$u_s(z)=\frac{u_*}{\kappa}\ln\left(\frac{z-d}{z_0}\right) \tag{3.2.35}$$

式（3.2.35）用两个参数描述表层的流动剖面：零平面位移 d 和水动力粗糙高度 z_0。本书提出一种新方法，用一个参数 k_n 来塑造速度分布。参数 k_n 被视为 d 和 z_0 的组合，复杂程度较高，受许多因素影响。为简单起见，本小节将无量纲的 h_v/L_c（包括植被属性和植被的抗性长度尺度）和不同流层高度之比作为影响因素，得到如下拟合公式：

$$k_n=\frac{2}{25}+\frac{1}{310}\frac{h_v}{L_c}\frac{h_v}{h_s}-\frac{1}{16}\frac{h_v}{h_w} \tag{3.2.36}$$

通过引入式（3.2.36），k_n 实测值和预测值的比较如图 3.2.5 所示，结果表明所提出的式（3.2.36）与实例的参数 k_n 可以很好地匹配。

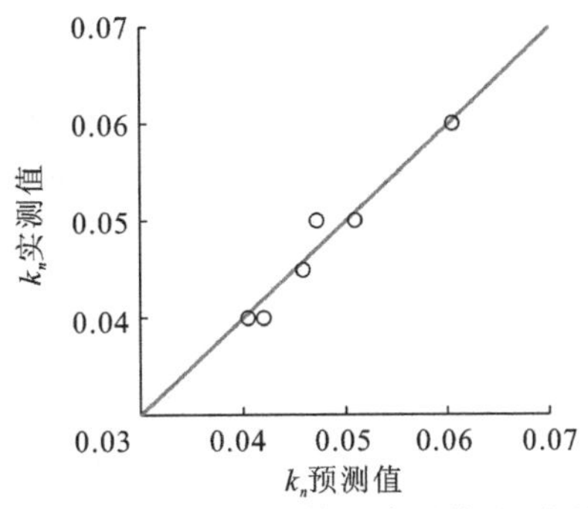

图 3.2.5　自由水层中湍流指数 k_n 实测值和预测值的比较

第4章

植被水流能量损失特性

植被影响下的水流沿程能量损失也是环境水力学的研究热点之一，这个能量损失系数常用达西–魏斯巴赫阻力系数表征，本章采用两种方法给出达西–魏斯巴赫阻力系数的表达式。第一种方法是采用一阶闭合模型进行多工况数值模拟实验，通过分析得到达西–魏斯巴赫阻力系数与不同参数的关系，给出达西–魏斯巴赫阻力系数的计算方法；第二种方法是采用遗传算法对大量实测数据进行分析和计算，得到一系列的公式，从中选取合适的公式作为表征沿程能量损失系数的公式。

4.1　基本方程

经典的达西-魏斯巴赫阻力公式（Wang et al.，2018b；Poggi et al.，2009）为

$$f_{\mathrm{v}}=4\frac{h_{\mathrm{v}}}{L_c}\left(\frac{U_{\mathrm{v}}}{U_{\mathrm{b}}}\right)^2 \tag{4.1.1}$$

式中：f_{v}为植被阻力系数；L_c为植被的阻力长度，表示为

$$L_c=(C_{\mathrm{d}}mD)^{-1} \tag{4.1.2}$$

断面平均流速 U_{b} 可由植被层流速 U_{v} 和自由水层流速 U_{s} 表示为

$$U_{\mathrm{b}}=\frac{U_{\mathrm{v}}h_{\mathrm{v}}+U_{\mathrm{s}}h_{\mathrm{s}}}{h_{\mathrm{w}}} \tag{4.1.3}$$

4.2　基于数值实验的能量损失系数公式

定义植被层和自由水层的流速差为$\Delta U=U_{\mathrm{s}}-U_{\mathrm{v}}$，可以得到

$$\frac{U_{\mathrm{v}}}{U_{\mathrm{b}}}=\left[\frac{h_{\mathrm{v}}}{h_{\mathrm{w}}}+\left(1-\frac{h_{\mathrm{v}}}{h_{\mathrm{w}}}\right)\left(1+\frac{\Delta U}{U_{\mathrm{v}}}\right)\right]^{-1} \tag{4.2.1}$$

这里定义两个比例系数，即植被淹没度α：

$$\alpha=\frac{h_{\mathrm{v}}}{h_{\mathrm{w}}} \tag{4.2.2}$$

和植被阻力长度β：

$$\beta=\frac{h_{\mathrm{v}}}{L_c}=C_{\mathrm{d}}mDh_{\mathrm{v}} \tag{4.2.3}$$

将式（4.2.1）～式（4.2.3）代入式（4.1.1）中，可得到植被阻力系数 f_{v} 是α、β及$\Delta U/U_{\mathrm{v}}$的函数。下面展开α、β与$\Delta U/U_{\mathrm{v}}$函数关系研究，即

$$\frac{\Delta U}{U_{\mathrm{v}}}=f(\alpha,\beta) \tag{4.2.4}$$

最终目的是得到由α、β表征的植被阻力系数，即

$$f_{\mathrm{v}}=f(\alpha,\beta) \tag{4.2.5}$$

4.2.1　数值实验过程

当固定植被阻力长度 β 时，$\Delta U/U_v$ 将随着植被淹没度 α 的变化而变化，构建函数如下：

$$\frac{\Delta U}{U_v}=a_1\left(\frac{h_s}{h_v}\right)^{a_2}=a_1\left(\frac{1}{\alpha}-1\right)^{a_2} \tag{4.2.6}$$

式中：a_1 和 a_2 为待定参数。

应用 3.1 节的数值解模型进行函数验证。假设植被直径 D=0.01 m，河床底坡 S_0=0.001，植被密度 m=2 000 株/m^2，植被高度 h_v=0.5 m，设定水深 h_w 为变量（从 0.6 m 增加到 4 m），从而可以得到固定植被阻力长度 β 时，$\Delta U/U_v$ 随淹没度 α 的变化情况，如图 4.2.1 所示。图中的圆圈为设定的数据点，实线为式（4.2.6）的最优拟合曲线，可以看出该公式可以很好地表征$\Delta U/U_v$ 与植被淹没度 α 的变化规律。

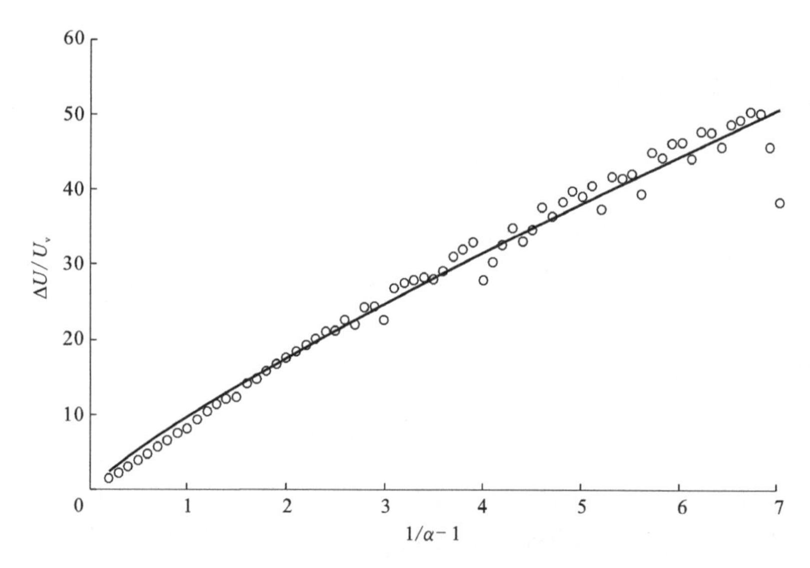

图 4.2.1　参数$\Delta U/U_v$与 $1/\alpha-1$ 的变化关系

进一步，研究固定植被淹没度 α 时，$\Delta U/U_v$ 与植被阻力长度 β 的函数关系，构建函数如下：

$$\frac{\Delta U}{U_{\mathrm{v}}}=b_1(C_{\mathrm{d}}mDh_{\mathrm{v}})^{b_2}=b_1\beta^{b_2} \tag{4.2.7}$$

式中：b_1和b_2为待定参数。

同样应用3.1节的数值解模型进行函数验证。假设植被直径D=0.01 m，河床底坡S_0=0.001，水深h_{w}=1 m，植被高度h_{v}=0.5 m，设定植被密度为变量（变化范围为100～2 000株/m^2），从而可以得到$\Delta U/U_{\mathrm{v}}$的变化，如图4.2.2所示。图中的圆圈为设定的数据点，实线为式（4.2.7）的最优拟合曲线，可以看出该公式可以很好地表征$\Delta U/U_{\mathrm{v}}$与植被阻力长度β的变化规律。

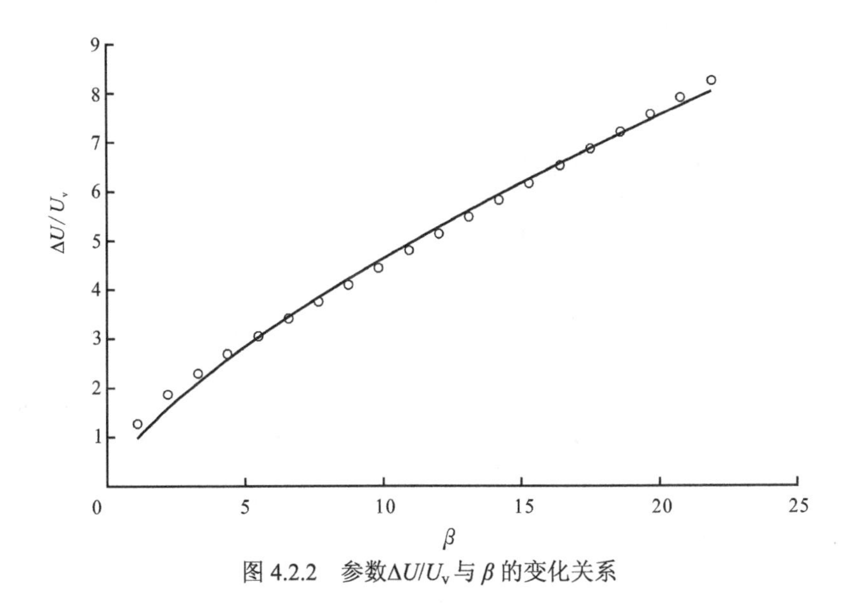

图4.2.2　参数$\Delta U/U_{\mathrm{v}}$与β的变化关系

综上，基于式（4.2.6）和式（4.2.7），可以构建$\Delta U/U_{\mathrm{v}}$与植被淹没度α及植被阻力长度β的经验公式，如下：

$$\frac{\Delta U}{U_{\mathrm{v}}}=c_1(\alpha^{-1}-1)^{c_2}\beta^{c_3} \tag{4.2.8}$$

式中：c_1、c_2、c_3为待定参数。

设定不同的工况，采用数值模型确定三个待定参数的取值，通过最优拟合得到c_1=1.862 9，c_2=0.790 9，c_3=0.513 7。最优拟合图像如图4.2.3所示，可以看出式（4.2.8）可以很好地说明$\Delta U/U_{\mathrm{v}}$与植被淹没度α及植被阻力长度β的变化规律。

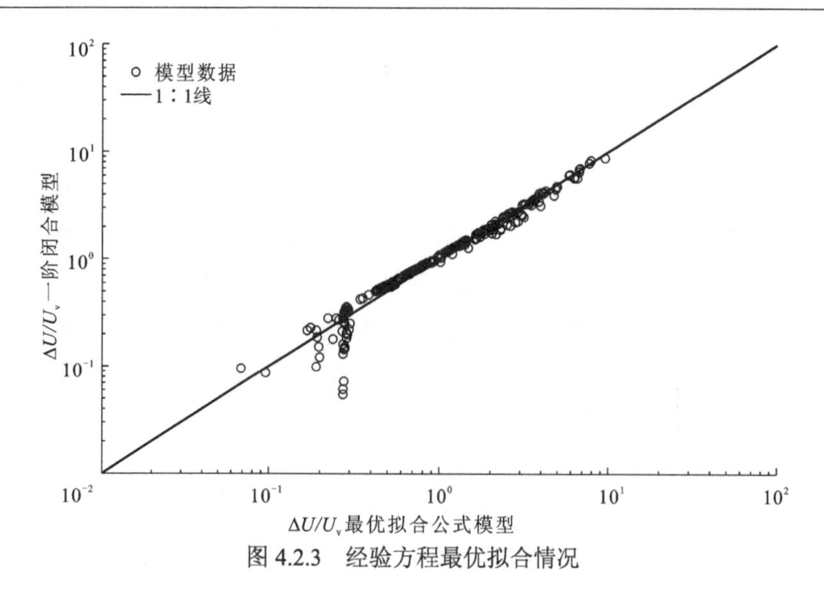

图 4.2.3　经验方程最优拟合情况

4.2.2　能量损失系数公式

将式（4.2.8）和式（4.2.1）联立后代入达西-魏斯巴赫阻力公式[式（4.1.1）]，可得植被阻力系数为

$$f_{\mathrm{v}} = 4\beta\{\alpha + (1-\alpha)[1 + c_1(\alpha^{-1}-1)^{c_2}\beta^{c_3}]\}^{-2} \tag{4.2.9}$$

基于式（4.1.1），得到总流速的表达式为

$$U_{\mathrm{b,predict}} = U_{\mathrm{v}}\{\alpha + (1-\alpha)[1 + c_1(\alpha^{-1}-1)^{c_2}\beta^{c_3}]\} \tag{4.2.10}$$

其中，植被层的平均流速（Wang et al.，2018b；Yang et al.，2010）为

$$U_{\mathrm{v}} = \sqrt{\frac{2gS_0h_{\mathrm{w}}}{C_{\mathrm{d}}mDh_{\mathrm{v}}}} \tag{4.2.11}$$

4.2.3　模型验证

基于实验数据（附录）进行模型验证。采用均方误差（mean square error，MSE）表征模型计算值（modelled）与实测值（measured）的吻合程度，即

$$\mathrm{MSE} = \frac{1}{N_{\mathrm{sample}}}\sum_{i=1}^{N_{\mathrm{sample}}}(\mathrm{modelled} - \mathrm{measured})^2 \tag{4.2.12}$$

式中：N_{sample}为数据个数。

通过对比$\Delta U/U_{\mathrm{v}}$的模型计算值[式（4.2.8）]与实测值，可以看出当$\Delta U/U_{\mathrm{v}} > 0.3$时，计算值可以较好地吻合实测数据，如图 4.2.4 所示。

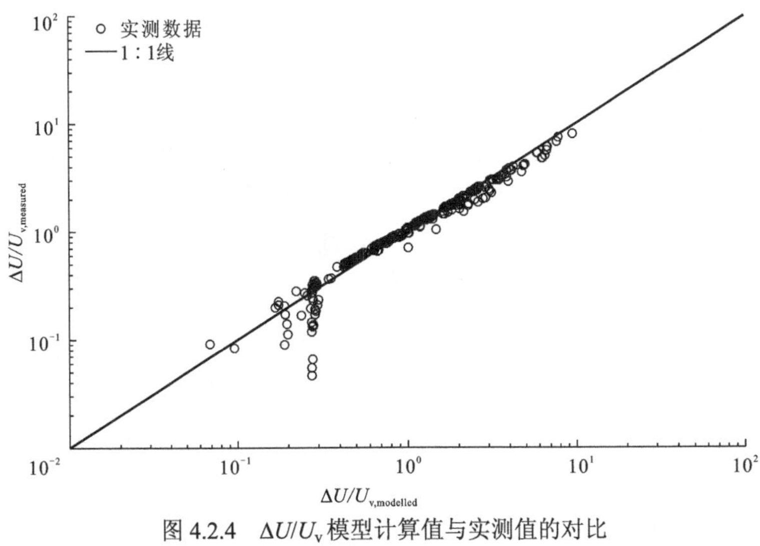

图 4.2.4　$\Delta U/U_v$ 模型计算值与实测值的对比

MSE=0.089 4

通过对比植被阻力系数 f_v 的模型计算值[式（4.2.9）]与实测值，可以看出计算值可以较好地吻合实测数据，如图 4.2.5 所示。

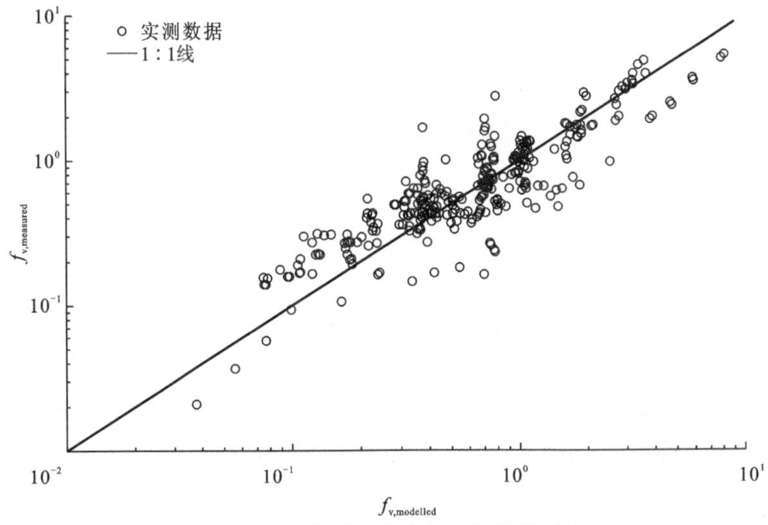

图 4.2.5　f_v 模型计算值与实测值的对比

MSE=0.270 6

通过对比水深平均总体流速，即总流速 U_b 的模型计算值[式（4.2.10）]与实测值，可以看出计算值能较好地吻合实测数据，如图 4.2.6 所示。

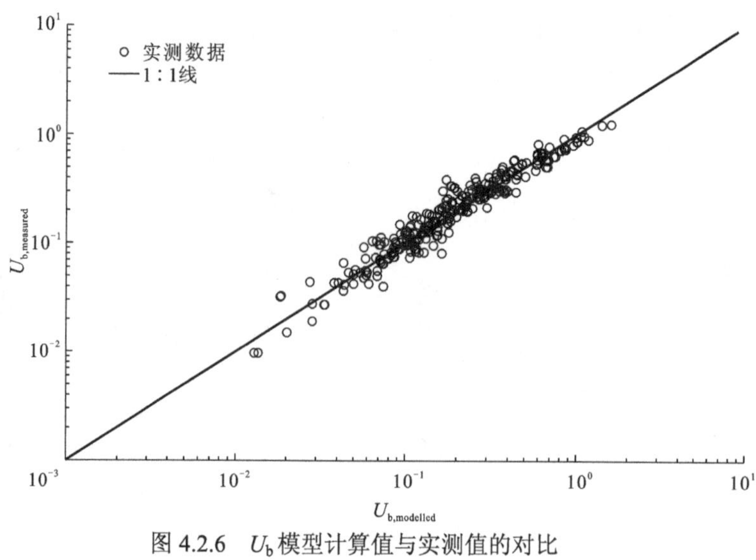

图 4.2.6　U_b 模型计算值与实测值的对比

MSE = 0.004 1

综上，通过模型计算值与实测值的对比（图 4.2.4～图 4.2.6），可以看出本节提出的总流速预测模型[式（4.2.10）]是切实有效的，主要适用于$\Delta U/U_v>0.3$的情况。

4.3　基于遗传算法的能量损失系数公式

4.3.1　遗传算法计算流程

将最大差异性算法划分的实验数据用在机器学习（machine learning，ML）技术中，寻找自变量与因变量之间的复杂关系。传统的遗传算法基于给定的经验模型框架寻找方程的参数，常受到研究人员的主观影响。与传统方法相比，利用遗传编程（genetic programming，GP）在不给定框架的情况下寻找因变量和自变量之间的关系，将识别的任务由程序完成，避免了相对主观地分析数据集。

本书选择了集成 GP 的 Eureqa 软件，该软件由 Schmidt 等（2009）进行研发，在求解方程组上得到了成功的应用。在进行目标方程求解的过程中，需要遵循以下原则：①避免过度拟合；②综合考虑解的精度和方程的复杂度来选择所需要的方程，需要特别注意的是帕雷托前端的点。Eureqa 软件计算步骤如图 4.3.1 所示，主要的计算步骤如下。

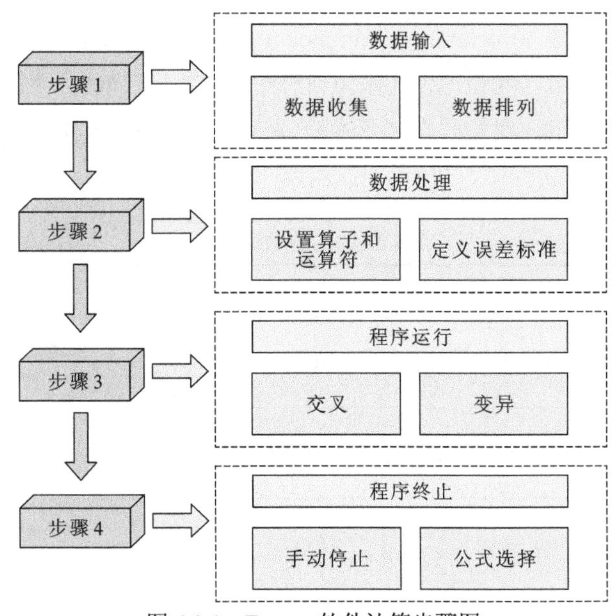

图 4.3.1　Eureqa 软件计算步骤图

（1）数据分析：对已有的柔性植被水流量数据进行分析处理，剔除与研究结果偏差过大的点，将处理后的实验数据按预设比例划分为训练组和检验组。

（2）进行误差项设置：用选定的评判标准比较表达式的预测值和来自测试组的实测值，不理想的表达式将被剔除，较为理想的表达式利用程序给定的概率密度进行交叉和变异，根据突变概率函数产生新的植被抗性系数表达式。

（3）集合算子和运算符：随机初始化一组待选解，内置符号函数生成器随机组合各种运算符。根据操作符的类型和数量，生成的不同表达式可能导致不同的复杂性。

（4）程序终止：由于程序不会自动停止，当出现合理的植被阻力系数解时，程序将立即终止。最优解存在于帕雷托前端，描述了精度与复杂度之间的变化关系。

4.3.2　实验数据收集与整理

野外的真实植被数据形状和流动状态十分复杂，因此植被阻力实验多在实验室中进行。通常将水生植物建模为一组直径一致的刚性圆柱体，这种简化的植被形状得到了广泛的认可。

本小节经过筛选共收集到实验数据 429 组，其中没有包括差异性过小的点。

使用最大差异化算法（maximum difference algorithm，MDA）进行数据选择时，选择数据库的172组（40%）数据作为训练组，172组（40%）数据作为测试组，剩余数据作为检验组。实验数据展示在表4.3.1之中，将其中训练组和测试组的数据应用到Eureqa软件中，进行公式寻找。

表 4.3.1　实验数据统计

组别	Q/（m^3/s）	B/m	S_0	h_w/m	h_v/m	D/m	m/（株/m^2）
训练组	0.001 7～7.314	0.3～3	0.000 001 8～0.044 0	0.050 0～2.50	0.022 6～1.5	0.000 825～0.013	43～44 000
测试组	0.001 7～8.979 66	0.3～3	0.000 009 9～0.017 4	0.056 8～2.49	0.027 5～1.5	0.000 825～0.013	42～9 995
检验组	0.001 7～3.557	0.3～3	0.000 003～0.015 0	0.072 7～2.08	0.041 0～0.9	0.01～0.013	166～9 995

将实验数据进行合理的分类对准确预测公式至关重要，一方面在收集数据过程中实验情况各不相同，得到的数据也常存在波动，另一方面数据量较大，要尽量避免过多的重复计算。选择使用Kennard等（1969）提出的MDA来选择训练组、测试组和检验组，该方法在研究中得到了广泛的应用。本书使用欧氏距离评判MDA中组间距离。MDA选择的数据不会在某一个点上进行聚集，可以用来代表整个实验数据，并使用编程实现，求解步骤如下。

（1）标准化数据集，从数据集中选择变量平方和最大的一组数据作为初始值。

（2）计算选择的数据集与剩余子集的不相似程度。

（3）在剩余子集中计算与选择的数据集最大欧氏距离的数据，将其转移到选择的数据集中。

（4）判断选择的数组是否符合要求数量，否则重复步骤（3），直至选择的数组符合要求数量。

（5）标准化数据还原，将收集到的实验数据选择40%进行训练，40%进行测试，其余的数据用作验证。

4.3.3　能量损失系数公式

使用Eureqa软件与MDA选择的数据找到公式。在公式搜索过程中，利用适应度函数对每个候选的公式进行评估。选择观测值和预测值之间的均方误差

（MSE）和平均绝对误差（mean absolute error，MAE）最小的综合评估公式。此外，Eureqa 软件还充分考虑了求解公式的复杂度。公式的复杂度随着变量数目、系数和公式中包含的数值运算类型增加而增加。在公式的搜索过程中，复杂度相同的情况下，只有误差较小的预测公式才能被保存。共计检索了 4.1×10^9 组公式，最后剩余 10 组公式展示在表 4.3.2 中，复杂度最小为 1，最大为 47。

表 4.3.2　公式求解表

复杂度	适应度	公式
1	1	$f_v=\alpha$
3	0.92	$f_v=1.3\alpha$
5	0.819	$f_v=\alpha+\alpha\beta$
9	0.754	$f_v=\alpha+1.8\alpha^2\beta$
10	0.62	$f_v=\dfrac{3.9\alpha\beta}{0.471+\beta}$
12	0.561	$f_v=\dfrac{7.92\alpha^2\beta}{\alpha+\beta}$
14	0.559	$f_v=0.012\,7+\dfrac{7.7\alpha^2\beta}{\alpha+\beta}$
18	0.546	$f_v=0.488+\dfrac{13.7\alpha^3\beta}{\alpha+\beta}-\alpha$
20	0.536	$f_v=0.291+\dfrac{13.8\alpha^3\beta}{\alpha+\beta}-\alpha^2$
47	0.517	$f_v=0.32+12.5\alpha^3\beta+0.239\alpha\beta^3-\alpha^3-0.005\,79\beta^4-2.99\alpha^2\beta^2$

图 4.3.2 显示了帕雷托前端，描述了误差与复杂度之间的相关关系。准确性随着复杂度的增加而增加，而增加的速率随着复杂度的增加而降低。然而，当复杂度大于 12 时，增加变得微不足道。

综合复杂度和适应度，最终得

$$f_v=\frac{7.92\alpha^2\beta}{\alpha+\beta} \tag{4.3.1}$$

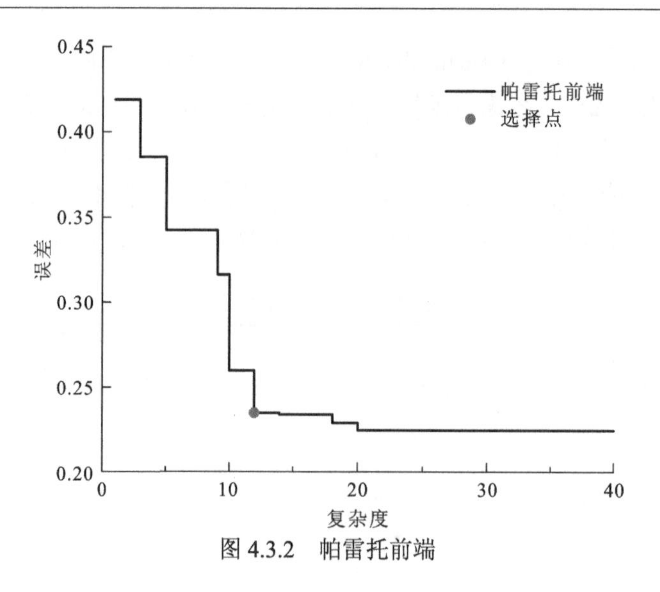

图 4.3.2　帕雷托前端

4.3.4　模型验证

为了评价公式的优劣，使用检验组的数据同其他学者的公式进行对比。本书选取 Stone 等（2002）、Baptist 等（2007）和 Cheng（2011）所提出的断面平均流速公式，代入定义式（4.1.1）中计算阻力系数，对比图如图 4.3.3 所示。

$$U_{\mathrm{b,Stone}}=1.385\left(\frac{1}{\alpha}\sqrt{\frac{\pi}{4\phi}}-1\right)\sqrt{gDS_f} \tag{4.3.2}$$

式中：$\phi=\frac{1}{4}m\pi D^2$，为植被所占体积；S_f为水槽斜率。

$$U_{\mathrm{b,Baptist}}=\left[\sqrt{\frac{1}{g/C_{\mathrm{b}}^2+2C_{\mathrm{d}}\phi h_{\mathrm{v}}/(\pi D)}}+\frac{5}{2}\ln\left(\frac{1}{\alpha}\right)\right]\sqrt{gh_{\mathrm{w}}S_f} \tag{4.3.3}$$

式中：C_{b}为与河床相关的 Chezy 系数，一般计算为 60 $\mathrm{m}^{1/2}/\mathrm{s}$；这里可以取阻力系数 C_{d}为 1.0。

$$U_{\mathrm{b,Cheng}}=\sqrt{\pi(1-\phi)^3\frac{D}{2C_{\mathrm{d}}\phi h_{\mathrm{v}}}}\left(\frac{h_{\mathrm{v}}}{h_{\mathrm{w}}}\right)^{\frac{3}{2}}+4.54\left(\frac{h_{\mathrm{s}}(1-\phi)}{D\phi}\right)^{\frac{1}{16}\left(\frac{h_{\mathrm{s}}}{h_{\mathrm{w}}}\right)^{\frac{2}{3}}}\sqrt{gh_{\mathrm{w}}S_f} \tag{4.3.4}$$

选择复杂度为 12 的公式作为最终公式，同时从图 4.3.3 可以看出，相较于其他

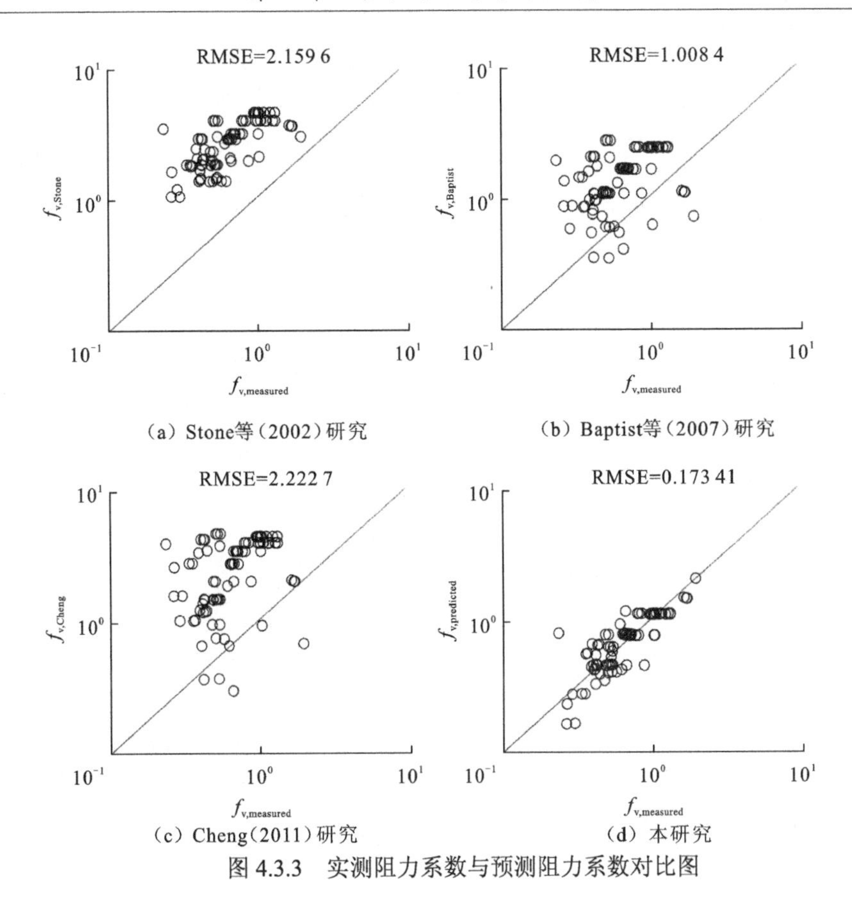

（a）Stone等（2002）研究　（b）Baptist等（2007）研究

（c）Cheng（2011）研究　（d）本研究

图 4.3.3　实测阻力系数与预测阻力系数对比图

学者所提公式，它具有良好的预测能力，均方根误差（root mean square error，RMSE）为 0.173 41，拟合效果较好。

第5章

植被化水动力特征参数定义

在整合深化已有研究的基础上，本章系统地提出植被粗糙度概念，全方位探寻植被对水流的阻流机理，将经典的尼古拉兹阻流理论模式拓展应用到大尺度粗糙物（即水生植被）进行研究，力求构建完善的植被阻流模式理论，将经典的水力半径和粗糙度这两个特征参数进行尺度延伸，定义植被化特征参数即“植被化水力半径”和“植被粗糙度”的概念。将经典尼古拉兹实验方法进行合理拓展，建立紊流情况下植被水流能量损失与植被化水力半径和植被粗糙度的关系，探究天然情况下植被水流的能量损失机理，为植被水流中的流场结构分析、污染物迁移、水生生物栖息地与流场的相关关系提供水动力学基础，研究成果可为生态水力学、计算水动力学相关理论和方法研究提供基础。

5.1 基 本 方 程

对于明渠流动，描述水流所受阻力的经典公式主要有谢才公式、曼宁公式及达西-魏斯巴赫公式，对应的表征边界对水流的阻力系数分布为谢才系数 C、曼宁系数 n 及阻力系数 f（Hornberger et al.，2014；Yen，1992a；French，1985），这些系数都是可以相互转化的。

谢才公式表示为

$$U = C\sqrt{RS_f} \tag{5.1.1}$$

式中：U 为整体流速；R 为水力半径；S_f 为能量坡度。

曼宁公式为

$$U = \frac{1}{n}R^{2/3}S_f^{1/2} \tag{5.1.2}$$

对于小尺度粗糙物（粗糙物尺度小于水深的十分之一），其粗糙高度 k_s 与曼宁系数 n 的关系有如下（Keulegan，1938；Strickler，1923）描述：

$$P_n = \frac{n}{k_s^{1/6}} \tag{5.1.3}$$

式中：参数 P_n=0.047 4（Strickler，1923）。

达西-魏斯巴赫公式为

$$f = \frac{8gRS_f}{U^2} \tag{5.1.4}$$

这些表征阻力效应的系数之间可以相互转化，通过下式进行：

$$C=R^{1/6}/n=(8g/f)^{1/2} \tag{5.1.5}$$

阻力系数作为相对粗糙度 k_s/R 的函数，可以用如下幂次律形式（Yen，1992b）表示：

$$f = N\left(\frac{k_s}{R}\right)^{1/3} \tag{5.1.6}$$

式中：N 为常数，当 P_n=0.047 4 时（Strickler，1923），N=0.176。

假设粗糙物的特征尺度为 d_0，当水深与粗糙物相比 $h_w/d_0>10$ 时，可以作为小尺度粗糙物对待，式（5.1.1）～式（5.1.6）可以很好地描述粗糙边界对水流的阻碍作用（Chen，1991）。

然而当 $h_w/d_0<10$ 时，例如大型水生植被（$d_0=h_v$），这种情况下水流的流动状态会发生显著变化。基于涡体的结构特性，水流在垂向上分为三个区域：卡门涡街控制区、混合层区及边界层区（具体参见第 2 章），如图 5.1.1 所示。

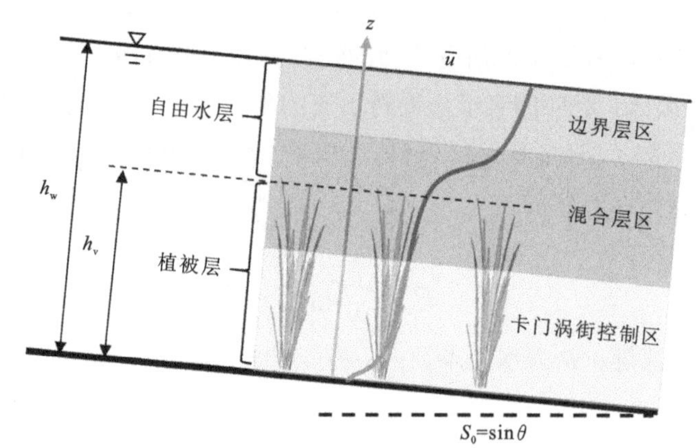

图 5.1.1　水生植被条件下水流特性及分区示意图

基于经典的幂次律公式[式（5.1.6）]，本节创新性地提出植被水流条件下的达西-魏斯巴赫系数与相对粗糙度的关系，即

$$f_v=\lambda_1(k_v/R_v)^{\lambda_2} \tag{5.1.7}$$

式中：λ_1、λ_2 为待定系数；k_v 为植被粗糙度；R_v 为植被化水力半径；k_v/R_v 为植被的相对粗糙度。

5.2　植被化水力半径

经典的明渠河槽水力半径的计算方法为过水面积除以湿周，然而在植被水流中，植被对水流的阻力主要为形状阻力，其挡水面积是重要参数，这里定义植被水流的水力半径，即植被化水力半径 R_v 为单位河床面积上的水体体积与单位河床面积上的植被挡水面积之比（Cheng et al.，2010），见图 5.2.1，可以表示为

$$R_v=\frac{V}{A} \tag{5.2.1}$$

式中：单位河床面积上的水体体积 V 为

$$V=h_w-\phi h_v \tag{5.2.2}$$

其中，植被密集度 ϕ 的计算方法为

$$\phi=m\cdot\pi D^2/4 \tag{5.2.3}$$

单位河床面积上的植被挡水面积 A 为

$$A = mDh_{\mathrm{v}} \tag{5.2.4}$$

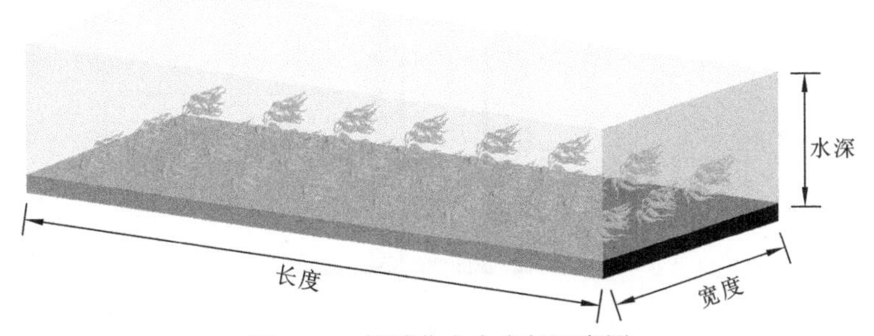

图 5.2.1　植被化水力半径示意图

扫封底二维码可见彩图

综上，得到植被化水力半径 R_{v} 表达式为

$$R_{\mathrm{v}} = \frac{h_{\mathrm{w}} - \phi h_{\mathrm{v}}}{mDh_{\mathrm{v}}} \tag{5.2.5}$$

5.3　植被粗糙度

关于植被粗糙度，有些研究针对自由水层提出植被的粗糙度，如 Cheng（2011）提出如下公式：

$$k_{s,\mathrm{Cheng}} = \phi \pi D / 4(1-\phi) \tag{5.3.1}$$

与以往的研究不同，本书针对整个水深提出植被的粗糙高度计算方法，植被粗糙高度与植被的物理高度是正相关的，可以得到

$$k_{\mathrm{v}} = \eta h_{\mathrm{v}} \tag{5.3.2}$$

式中：参数 η 表征植被丛对水流的阻碍效应，其与植被密度、宽度、布局形式相关。

基于植被在水流的空间分布情况，如图 5.3.1 所示，构建参数 η 的表达式如下：

$$\eta = \frac{A_{\mathrm{idealized}}}{A_{\mathrm{actual}}} = \frac{h_{\mathrm{w}} L_{\mathrm{sp}}}{h_{\mathrm{w}} L_{\mathrm{sp}} - h_{\mathrm{v}} D} \tag{5.3.3}$$

式中：$A_{\mathrm{idealized}}$ 为理想过流横截面积；A_{actual} 为实际过流横截面积；参数 L_{sp} 为相邻两个植株的空间距离。

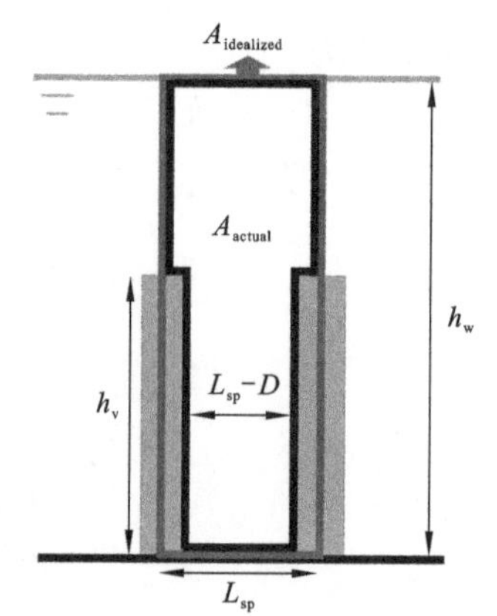

图 5.3.1　植被空间结构布局分析

扫封底二维码可见彩图

5.4 模型验证

基于 301 组数据对植被粗糙度模型进行验证（Liu et al.，2008；Nezu et al.，2008；Yan，2008；Yang，2008；Murphy et al.，2007；Ghisalberti et al.，2004；Poggi et al.，2004c；Stone et al.，2002；López et al.，2001；Meijer et al.，1999；Shimizu et al.，1991）。

通过最优拟合可以得到参数 $\lambda_1=0.887\,2$，$\lambda_2=0.653\,6$，从而得到达西-魏斯巴赫阻力系数（表征水流能量损失）与植被相对粗糙度的关系，其拟合的相关系数为 0.78，如图 5.4.1 所示。

$$f_v = 0.887\,2(k_v/R_v)^{0.653\,6} \tag{5.4.1}$$

通过式（5.4.1）可以推导求得总流速的预测模型为

$$U_b = U_v[\lambda_1 L_c (k_v/R_v)^{\lambda_2}/(4h_v)]^{-1/2} \tag{5.4.2}$$

对比总流速的模型计算值与实测值，可以看出相关系数为 0.94，吻合良好，如图 5.4.2 所示。

通过模型对比与验证，可以看出本章提出的植被粗糙度模型可以较好地表征植被对水流的阻力作用，并由此推导得到总流速预测模型，能够较好地应用于含植被生态河道的水流流量预测。

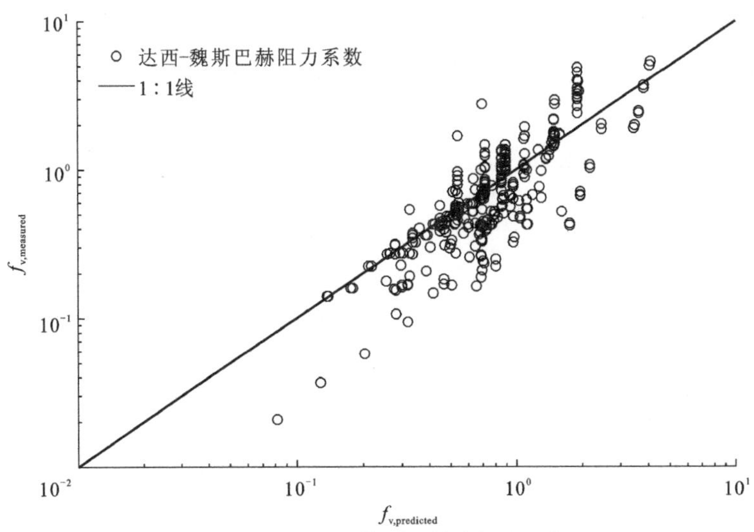

图 5.4.1　阻力系数的模型计算值与实测值对比

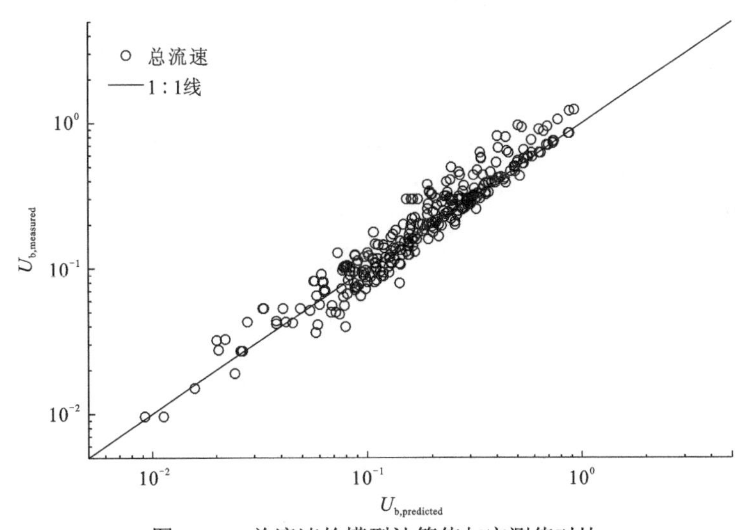

图 5.4.2　总流速的模型计算值与实测值对比

第 6 章

植被阻流机理及定量化描述

本章全面总结已有关于植被水流特性、能量损失特性等方面的研究，系统深化探讨植被阻流的机理，针对挺水植被和沉水植被情况下的达西–魏斯巴赫阻力系数构建数学模型，提出植被拖曳力系数计算方法，并给出增阻或减阻效应的解释及分区方法。

6.1 基本方程

对于明渠水流（不含植被情况），经典的达西-魏斯巴赫阻力公式的另一种表示形式为

$$f = \frac{8gRS}{U^2} \tag{6.1.1}$$

类比式（6.1.1），对植被水流提出如下计算公式：

$$f_{\mathrm{v}} = \frac{8gR_{\mathrm{v}}S_{\mathrm{v}}}{U_b^2} \tag{6.1.2}$$

式中：R_{v} 为植被化水力半径；S_{v} 为植被水流的能量坡度。因此可以得到植被水流的摩阻流速 $u_{*\mathrm{v}}$ 表达式为

$$u_{*\mathrm{v}} = \sqrt{gS_{\mathrm{v}}R_{\mathrm{v}}} \tag{6.1.3}$$

基于第 5 章的推导公式，可以得到植被化水力半径，如下：

$$R_{\mathrm{v}} = \frac{h_{\mathrm{w}} - \phi h_{\mathrm{v}}}{mDh_{\mathrm{v}}} \tag{6.1.4}$$

接下来推导植被水流中由植被引起的能量坡度 S_{v}，即水流能量沿程损失梯度。对植被水流的水体进行受力分析，可以得到在恒定均匀流情况下，重力沿流向的分力与植被阻力和河床底部摩擦力平衡，得到

$$F_{\mathrm{w}} = F_{\mathrm{v}} + F_{\mathrm{b}} \tag{6.1.5}$$

式中：F_{w} 为重力项；F_{v} 为植被阻力项；F_{b} 为河床底部摩擦力项。式（6.1.5）可展开为

$$gS_f h_{\mathrm{w}}(1-\alpha\phi) = \frac{1}{2}C_{\mathrm{d}}mDh_{\mathrm{v}}U_{\mathrm{v}}^2 + \frac{1}{8}U_{\mathrm{v}}^2 f_{\mathrm{b}}(1-\phi) \tag{6.1.6}$$

进一步将式（6.1.6）转化为

$$S_f = \frac{C_{\mathrm{d}}mDh_{\mathrm{v}}}{2gh_{\mathrm{w}}(1-\alpha\phi)}U_{\mathrm{v}}^2 + \frac{f_{\mathrm{b}}(1-\phi)}{8gh_{\mathrm{w}}(1-\alpha\phi)}U_{\mathrm{v}}^2 \tag{6.1.7}$$

式中：能量坡度 S_f 由两项组成，一项为植被引起的能量坡度 S_{v}，另一项是由河床底部壁面引起的能量坡度 S_{b}。

$$\begin{cases} S_{\mathrm{v}} = \dfrac{C_{\mathrm{d}}mDh_{\mathrm{v}}}{2gh_{\mathrm{w}}(1-\alpha\phi)}U_{\mathrm{v}}^2 \\ S_{\mathrm{b}} = \dfrac{f_{\mathrm{b}}(1-\phi)}{8gh_{\mathrm{w}}(1-\alpha\phi)}U_{\mathrm{v}}^2 \end{cases} \tag{6.1.8}$$

已有研究表明，在大多数情况下，河床底部摩擦阻力造成的能量损失远小于植被造成的能量损失，故河床底部摩擦可忽略不计（Wang et al.，2015b）。

将 S_v 代入式（6.1.2）可得植被水流的能量损失机理公式，即达西-魏斯巴赫阻力系数在植被水流中的表达式为

$$f_v = \frac{8gR_vS_v}{U_b^2} = 4C_d\left(\frac{U_v}{U_b}\right)^2 \tag{6.1.9}$$

式（6.1.9）相比前人的研究结果，更加简明。经典的达西-魏斯巴赫公式为

$$f = 8\left(\frac{u_*}{U_b}\right)^2 \tag{6.1.10}$$

式（6.1.9）与式（6.1.10）相比呈现出某些一致性，如都是某个系数乘以流速比的平方，在流速比之中，经典公式是摩阻流速与总流速之比，新推导的公式是植被层流速与总流速之比。其中，植被层流速可由下式求解：

$$U_v = \sqrt{\frac{8gS_0h_w(1-\alpha\phi)}{4C_dmDh_v + f_b(1-\phi)}} \tag{6.1.11}$$

当河床底部阻力忽略不计时，式（6.1.11）简化为

$$U_v = \sqrt{\frac{2gS_0(1-\alpha\phi)}{C_dmD\alpha}} \tag{6.1.12}$$

6.2 挺水植被阻流机理

对于挺水植被，由于植被层流速等于整个水深流速，故由式（6.1.9）可得

$$f_v = 4C_d \tag{6.2.1}$$

对于植被拖曳力，第 3 章已经给出前人的研究成果，本节先总结已有研究参考[式（3.1.15）～式（3.1.20）]，再给出在此基础上的优化研究。通过室内水槽中的植被水流实验（图 6.2.1）及收集、整理、分析大量植被水流实验数据，提出植被拖曳力系数的变化规律如下，结果如图 6.2.2 所示。

$$C_d = 0.819 + \frac{58.5}{\sqrt{Re_v}} \tag{6.2.2}$$

$$C_{\mathrm{d}} = 0.819 + \frac{58.5}{\sqrt{\frac{\pi(1-\phi)}{4\phi} Re_{\mathrm{d}}}} \quad (6.2.3)$$

其中，雷诺数 Re_{v} 和 Re_{d} 的关系如下：

$$Re_{\mathrm{v}} = \frac{\pi(1-\phi)}{4\phi} Re_{\mathrm{d}} \quad (6.2.4)$$

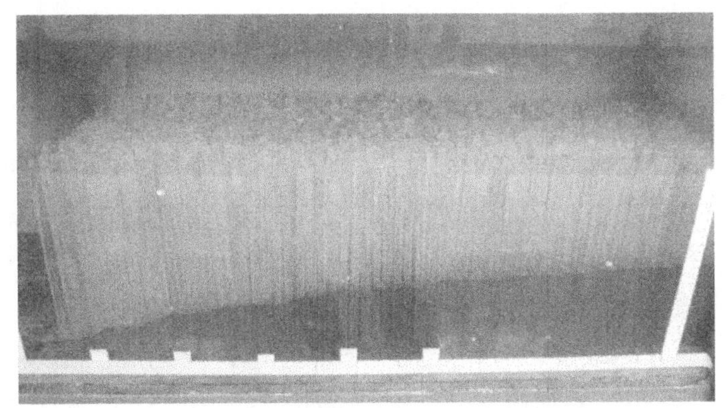

图 6.2.1　水槽中植被水流实验图

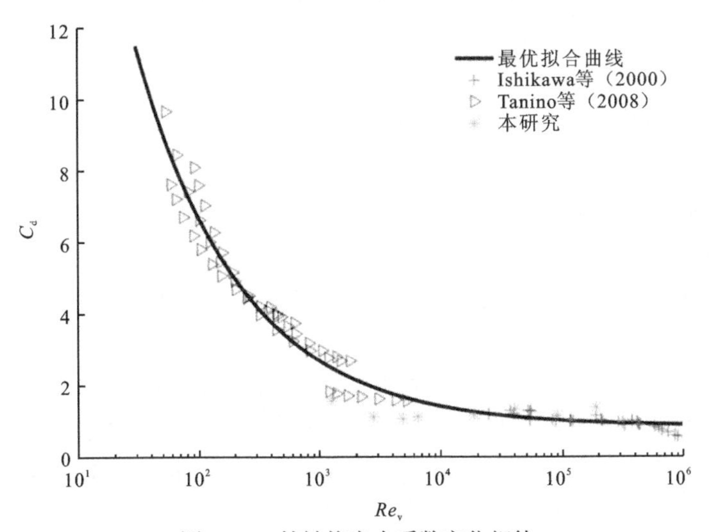

图 6.2.2　植被拖曳力系数变化规律

在图 6.2.2 中，不同形状的点表示实验数据，黑色实线表示式（6.2.2）结果，可以看出本书提出的式（6.2.2）可以很好地表征植被拖曳力系数的变化规律。

通过雷诺数 Re_{v} 和 Re_{d} 的关系，将不同植被密集度下的植被拖曳力系数进行对比，同时画出标准的单根植被拖曳力系数变化情况，如图 6.2.3 所示。

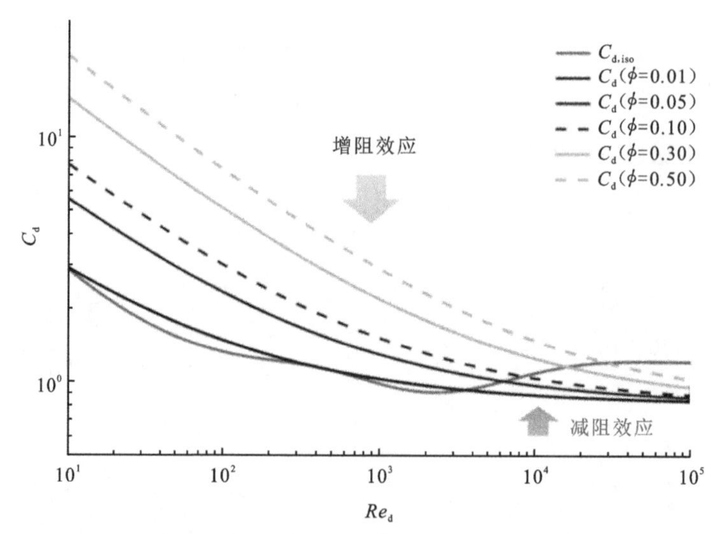

图 6.2.3　植被拖曳力系数变化规律（增阻效应和减阻效应）

扫封底二维码可见彩图

这里引入参数 E，表征拖曳力系数相较标准拖曳力系数（单根植株）的比值，从而确定植被对水流的作用是“增阻效应”还是“减阻效应”。

$$E = \frac{C_d}{C_{d,iso}} \tag{6.2.5}$$

式中：$C_{d,iso}$ 为单根圆柱棒拖曳力系数。

首先解释增阻效应和减阻效应的概念。当雷诺数较小时，由于水是具有黏滞性的，在黏滞性的影响下，靠近植被表面会形成黏性边界层，导致水流在相邻两个植株之间的有效过水宽度小于植被的物理间隔，从而相较单根植被而言产生更大的流动阻力，造成植被丛的拖曳力系数大于标准的植被拖曳力系数，即增阻效应，此时 $E>1$。

当雷诺数较大时，此时靠近植被表面形成的边界层的厚度会非常薄，其厚度相较植被之间的物理间隔可以忽略不计，故这种情况下的增阻效应可以忽略。同时植被后部产生尾涡，即卡门涡街（详见第 2 章的物理解释）。但是这些旋涡在植被层中的发展受局限，这些涡会填充在植被间隔之中从而导致植被拖曳力系数随着雷诺数的增加而减小，最终会小于标准的植被的拖曳力系数，这称为减阻效应，即 $E<1$。

图 6.2.3 中展示的雷诺数变化范围为 $10\sim10^5$，红线表示标准的拖曳力系数变化规律，其余不同颜色的线表示不同植被密集度情况的植被丛拖曳力系数，植被丛密集度的变化范围为 $0.01\sim0.5$。

（1）当 $E>1$ 时，植被丛的拖曳力系数大于标准的拖曳力系数，即有增阻效应。从图中可以看出红线上方区域即为增阻效应区域。

（2）当 $E<1$ 时，植被丛的拖曳力系数小于标准的拖曳力系数，即有减阻效应。从图中可以看出红线下方区域即为增阻效应区域。

6.3　沉水植被阻流机理

6.3.1　不同水层流速关系

对沉水植被而言，植被高度小于水深。在整个水深上可以分为植被层和自由水层。首先讨论不同水层流速与整个水深总流速的关系。

沉水植被在水流中的概化图如图 6.3.1 所示。

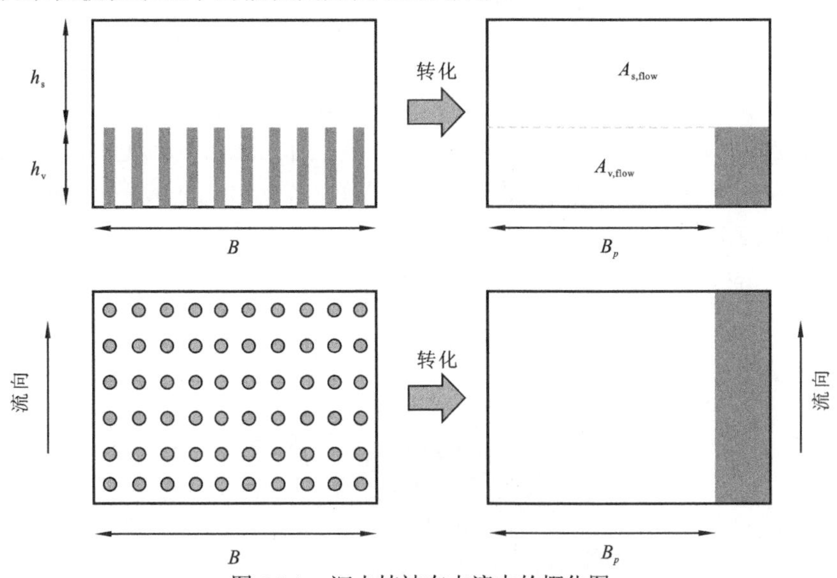

图 6.3.1　沉水植被在水流中的概化图

上两图是沿水流方向视图，下两图是俯视图

通过转化可以得到植被区域的有效过水宽度 B_p。基于流量关系，可以得到总流速的表达式为

$$U_b = \frac{Q_{Total}}{A_{effective}} = \frac{Q_{Total}}{A_s + A_v} = \frac{Q_{Total}}{h_s B + h_v B(1-\phi)} \tag{6.3.1}$$

式中：Q_{Total} 为整个过水断面的流速；$A_{effective}$ 为有效过水面积，该过水面积由植被区过水面积 A_v 和自由水层区过水面积 A_s 两部分构成。

同样，总流量也是由植被区和自由水层区的流量构成，如下所示：

$$Q_{\text{Total}} = Q_s + Q_v = U_s A_s + U_v A_v \tag{6.3.2}$$

进而可得

$$U_b = \frac{Q_{\text{Total}}}{A_{\text{effective}}} = \frac{U_s h_s + U_v h_v (1-\phi)}{h_s + h_v (1-\phi)} \tag{6.3.3}$$

综上，得到总流速与植被层和自由水层的流速关系为

$$U_b = \frac{1-\alpha}{1-\alpha\phi} U_s + \frac{\alpha(1-\phi)}{1-\alpha\phi} U_v \tag{6.3.4}$$

6.3.2　阻力系数规律

对沉水植被而言，水流的能量损失规律可以通过达西-魏斯巴赫阻力系数来描述，由式（6.1.9）可得

$$f_v = 4C_d \left(\frac{U_v}{U_b} \right)^2 \tag{6.3.5}$$

基于实验数据，作出阻力系数的实测值与水流的雷诺数对比图，如图 6.3.2 所示，横坐标为表征水流流动特性的雷诺数，纵坐标为达西-魏斯巴赫阻力系数的实测值。从图中可以看出淹没状态下的阻力系数与雷诺数没有明确的函数关系，需要从其他方面研究植被阻水的规律。

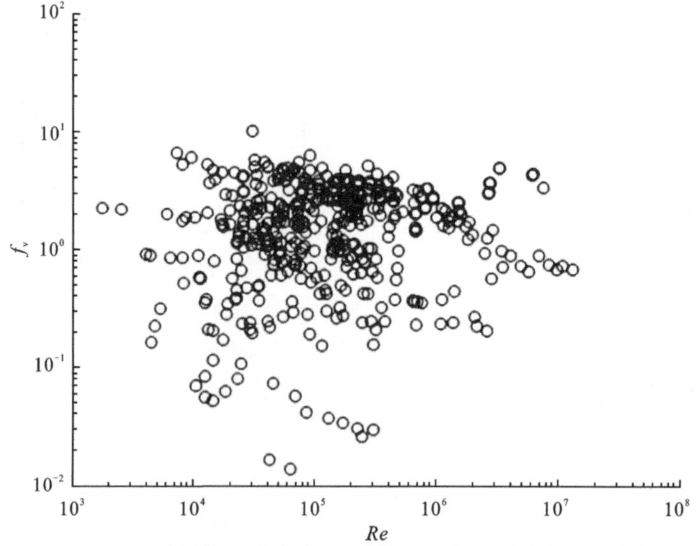

图 6.3.2　沉水植被水流中达西-魏斯巴赫阻力系数与雷诺数的关系

在深入研究阻力系数规律之前，先明确基本参数。植被的阻力长度尺度为

$$L_c = \frac{1}{C_d mD} \tag{6.3.6}$$

植被高度与植被阻力长度之比为

$$\eta = \frac{h_v}{L_c} \tag{6.3.7}$$

通过理论分析与推导，植被层流速与总流速之比的平方可由如下的经验公式给出：

$$\left(\frac{U_v}{U_b}\right)^2 = \frac{p_1 \alpha^2}{p_2 \alpha + p_3 \eta} \tag{6.3.8}$$

式中：p_1，p_2，p_3 为待定参数。

将式（6.3.8）代入式（6.3.5）中，可以得到植被水流的达西-魏斯巴赫阻力系数公式为

$$f_{v,\text{present}} = 4C_d \left(\frac{p_1 \alpha^2}{p_2 \alpha + p_3 \eta}\right) \tag{6.3.9}$$

6.3.3　模型对比验证

通过非线性最优拟合，得到式（6.3.9）的最优拟合参数值分别为：$p_1=1.198$，$p_2=0.681$，$p_3=0.416$，相关系数为 0.803，如图 6.3.3 所示。

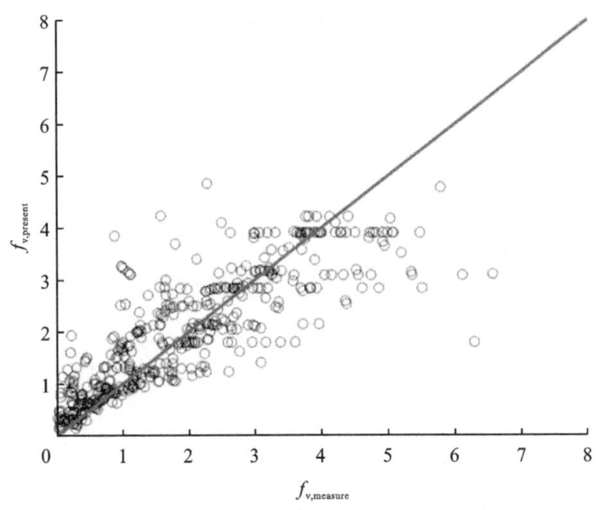

图 6.3.3　达西-魏斯巴赫阻力系数的模型计算值与实测值的对比

此外，国内外其他研究团队基于不同的模型与理论，给出了总流速的计算公式，通过这些总流速计算公式可以得到相应的阻力系数[通过式（6.3.5）]，下面主要展示本书提出的阻力系数规律与其他研究团队的结果的对比情况。

Stone 等（2002）提出的总流速计算公式如下：

$$U_b = 1.385\left(\frac{1}{\alpha}\sqrt{\frac{\pi}{4\phi}} - 1\right)\sqrt{gDS_f} \tag{6.3.10}$$

Baptist 等（2007）提出的总流速计算公式如下：

$$U_b = \left[\sqrt{\frac{1}{g/C_b^2 + 2C_d\phi h_v/(\pi D)}} + \frac{5}{2}\ln\left(\frac{1}{\alpha}\right)\right]\sqrt{gh_w S_f} \tag{6.3.11}$$

式中：河床底部引起的谢才系数 C=60 $m^{1/2}/s$（对于光滑边界）。

Huthoff 等（2007）提出的总流速计算公式如下：

$$U_b = \left[(1-\alpha)\left(\frac{h_s}{D\sqrt{\pi/(4\phi)} - D}\right)^{\frac{2}{3}(1-\alpha^5)} + \sqrt{\alpha}\right]\sqrt{\frac{\pi g D S_f}{2C_d\phi}} \tag{6.3.12}$$

Yang 等（2010）提出的总流速计算公式如下：

$$U_b = \sqrt{\frac{\pi g D S_f}{2C_d\alpha\phi}} + \frac{C_u\sqrt{gh_s S_f}}{k}\left(\ln\frac{1}{\alpha} + \alpha - 1\right) \tag{6.3.13}$$

式中：当 $4\phi/(\pi D) \leqslant 5$ 时，C_u=1；当 $4\phi/(\pi D) > 5$ 时，C_u=2。

Cheng（2011）提出的总流速计算公式如下：

$$U_b = \left[\sqrt{\frac{\pi D(1-\phi)^3}{2C_d\phi h_v}}\alpha^{3/2} + 4.54\left(\frac{h_s}{D}\frac{1-\phi}{\phi}\right)^{1/16}(1-\alpha)^{3/2}\right]\sqrt{gh_w S_f} \tag{6.3.14}$$

Katul 等（2011）提出的总流速计算公式如下：

$$U_b = \alpha U_{KCL} + (1-\alpha)U_{KSL} \tag{6.3.15}$$

式中：U_{KCL}、U_{KSL} 分别为植被层和自由水层的水深平均流速，计算方法如下：

$$U_{KCL} = \frac{2\beta}{\eta}\left[1 - \exp\left(-\frac{\eta}{2\beta^2}\right)\right]\sqrt{gh_s S_f} \tag{6.3.16}$$

$$U_{KSL} = \frac{1}{\kappa}\left\{-1 + \ln\left[\left(\frac{h_w - D}{z_0}\right)^{(h_w-D)/h_s}\left(\frac{h_v - D}{z_0}\right)^{-(h_v-D)/h_s}\right]\right\}\sqrt{gh_s S_f} \tag{6.3.17}$$

其中：$\beta=\min(0.135(mD)^{1/2}, 0.33)$，为动量吸收系数；$z_0$ 的表达式为

$$z_0 = \frac{2\beta L_c}{k}\exp\left(-\frac{k}{\beta}\right) \tag{6.3.18}$$

将上述不同研究团队的总流速计算方法代入式（6.3.5）可以得到相应的阻力系数，并将其与实测值进行对比，得到植被水流阻力系数的对比图，见图 6.3.4。

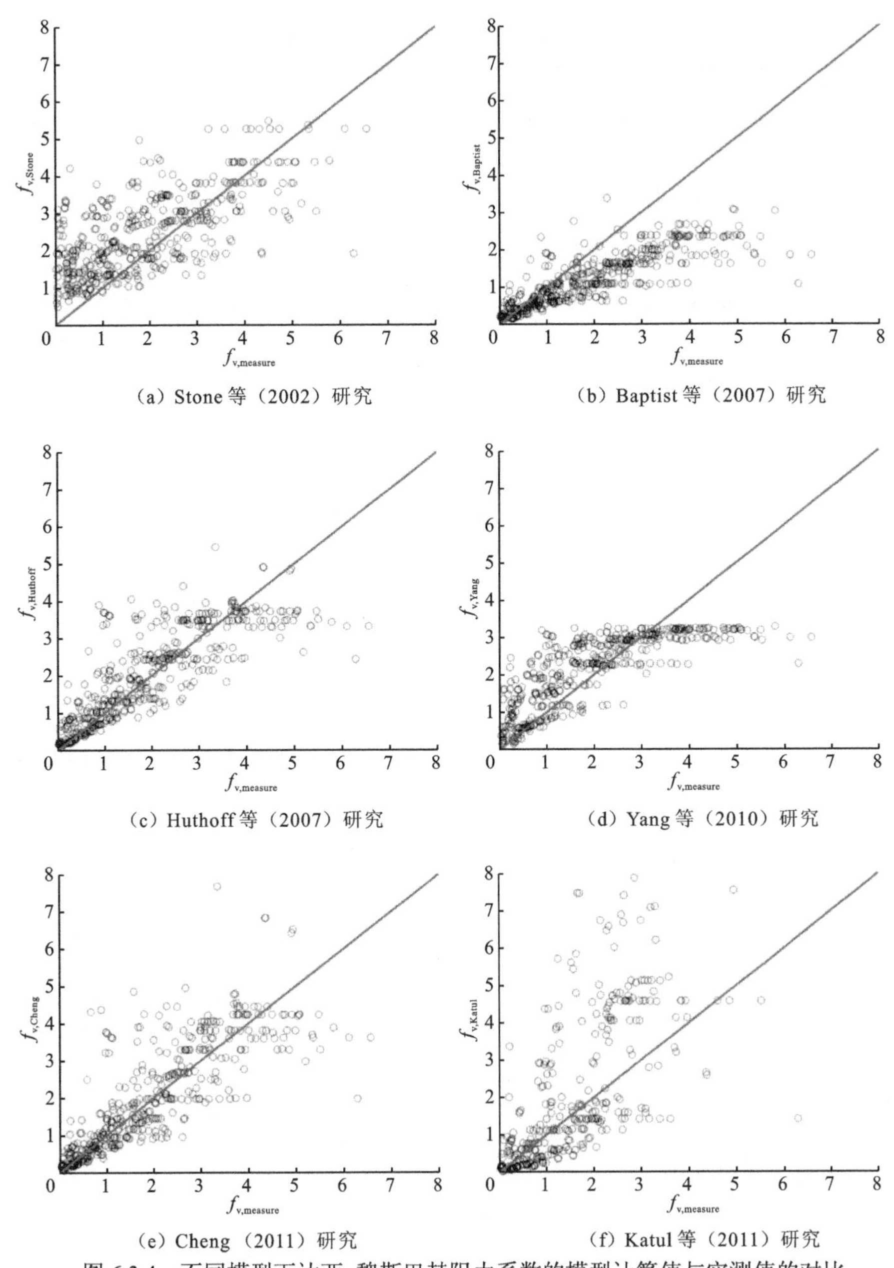

（a）Stone 等（2002）研究　（b）Baptist 等（2007）研究

（c）Huthoff 等（2007）研究　（d）Yang 等（2010）研究

（e）Cheng（2011）研究　（f）Katul 等（2011）研究

图 6.3.4　不同模型下达西-魏斯巴赫阻力系数的模型计算值与实测值的对比

将本章提出的式（6.3.9）与上述多个学者研究提出的公式进行对比，结果如表 6.3.1 所示。可以看出，相比其他学者的理论公式，本书提出的式（6.3.9）可以很好地表征水流的能量损失机理。

表 6.3.1　各类型阻力系数公式对比

公式来源	相关系数
式（6.3.9）	0.803
Stone 等（2002）	0.654
Baptist 等（2007）	0.806
Huthoff 等（2007）	0.790
Yang 等（2010）	0.758
Cheng（2011）	0.783
Katul 等（2002）	0.637

第7章

结　　论

本书的主要结论如下。

（1）对于不同尺度粗糙物影响下的水流运动特性，回顾了小尺度颗粒粗糙物影响下水流能量损失机理（经典的尼古拉兹阻力试验结果）。对植被环境下的大尺度粗糙物进行了深入研究，介绍了不同流层的分区方法及涡结构特点。

（2）对植被环境水流流速分布特性进行研究，将沉水植被环境下的水流划分为植被层和自由水层，分别给出对应的控制方程，根据雷诺应力的不同的表达方式，分别采用数值模型和解析模型的方法求解控制方程，最终得到植被环境流速垂向分布的特性。此外，给出植被层湍流长度尺度和自由水层紊流参数的计算方法。

（3）采用两种方法对沿程能量损失系数开展研究。第一种方法是采用一阶闭合模型开展数值模拟实验，得到达西-魏斯巴赫阻力系数与植被淹没度及植被阻力长度尺度的定量表达式；第二种方法是采用遗传算法对大量实测数据进行分析和计算，得到一系列的公式，从中选取合适的公式作为表征沿程能量损失系数的公式。

（4）提出了植被粗糙度、植被化水力半径的计算方法，通过理论分析及实验数据验证，得到紊流条件下的达西-魏斯巴赫阻力系数与植被粗糙度及植被化水力半径的定量关系，并给出沉水植被环境下的水流平均流速计算方法。

（5）采用理论推导与试验相结合的方法，提出了植被拖曳力系数的计算方法，揭示了植被拖曳力系数与水流雷诺数及植被密集度的变化规律，解释了植被对水流的增阻效应和减阻效应的机理，在此基础上提出了植被阻力效应分区方法，进一步完善了环境水力学关于阻力效应的研究。

参 考 文 献

房春艳, 2010. 植被作用下复式河槽水流阻力实验研究. 重庆: 重庆交通大学.

郝文龙, 朱长军, 郝振纯, 2017. 刚性双层植物河道水流垂向流速分布实验研究. 河北工程大学学报(自然科学版), 34(1): 57-60.

槐文信, 耿川, 曾玉红, 等, 2011. 部分植被化矩形河槽紊流时均流速分布分析解. 应用数学和力学, 32(4): 437-444.

惠二青, 江春波, 潘应旺, 2009. 植被覆盖的河道水流纵向流速垂向分布. 清华大学学报(自然科学版)(6): 834-837.

江春波, 侯迪, 惠二青, 2009. 河道植被对水流运动影响研究之现状. 水力发电, 35(7): 11-13.

蒋北寒, 杨克君, 曹叔尤, 等, 2012. 基于等效阻力的植被化复式河道流速分布研究. 水利学报(s2): 20-26.

李炜, 徐孝平, 2000. 水力学. 武汉: 武汉大学出版社.

李艳红, 周华君, 时钟, 2003. 山区河流平面二维流场的数值模拟. 水科学进展(4): 324-329.

刘超, 单钰淇, 赵红旭, 2012a. 不同密度滩地植被作用下的复式河槽水流特性. 人民黄河, 34(4): 23-25.

刘超, 杨克君, 单钰琪, 2009. 植被对水流特性影响研究进展. 中国水运月刊, 9(4): 150-151.

刘超, 杨克君, 刘兴年, 等, 2012b. 植被作用下的弯曲复式河槽漫滩水流 2 维解析解. 四川大学学报(工程科学版), 44(6): 7-12.

刘昭伟, 陈永灿, 朱德军, 等, 2011. 灌木植被水流的流速垂向分布. 水力发电学报, 30(6): 237-241.

罗宪, 房春艳, 单钰淇, 等, 2010. 植物特性对复式河槽流速分布影响的实验研究. 重庆交通大学学报(自然科学版), 29(3): 466-469.

时钟, 李艳红, 2003. 含植物河流平均流速分布的实验研究. 上海交通大学学报(8): 1254-1260.

唐洪武, 闫静, 肖洋, 等, 2007. 含植物河道曼宁阻力系数的研究. 水利学报, 38(11): 1347-1353.

王忖, 赵振兴, 2003. 河岸植被对水流影响的研究现状. 水资源保护, 19(6): 50-53.

王海胜, 杨克君, 刘兴年, 等, 2009. 滩地植被下复式河槽水流特性实验研究. 人民黄河, 31(6): 26-27.

王伟杰, 2016. 明渠植被水流流速分布解析解与阻力特性研究. 武汉: 武汉大学.

王文雍, 刘昭伟, 陈永灿, 等, 2012. 刚性沉水植被水流的流速垂向分布. 四川大学学报(工程科学版), 44(S2): 253-257.

吴福生, 王文野, 姜树海, 2007. 含植物河道水动力学研究进展. 水科学进展, 18(3): 456-461.

吴一红, 郑爽, 白音包力皋, 等, 2015. 含植物河道水动力特性研究进展. 水利水电技术(4): 123-129.

徐卫刚, 张化永, 王中玉, 等, 2013. 植被对河道水流影响的研究进展. 应用生态学报, 24(1): 251-259.

杨克君, 刘兴年, 曹叔尤, 等, 2005. 植被作用下的复式河槽漫滩水流紊动特性. 水利学报, 36(10): 1263-1268.

杨克君, 刘兴年, 曹叔尤, 等, 2006. 植被作用下的复式河槽流速分布特性. 力学学报, 38(2): 246-250.

曾琳, 周晓泉, 杨克君, 2009. 滩地植被作用下非对称复式河道的三维数值模拟. 吉林水利(4): 217-217.

张明亮, 沈永明, 2009. 植被作用下复式渠道的三维湍流数值模拟. 应用基础与工程科学学报, 17(3): 402-411.

张明武, 2011. 具有植被漫滩的复式河槽水流特性研究. 北京: 清华大学.

郑爽, 吴一红, 白音包力皋, 等, 2017. 含水生植物河道曼宁糙率系数的实验研究. 水利学报, 48(7): 874-881.

Aberle J, Järvelä J, Schoneboom T, et al., 2010. Flow resistance of rigid and flexible emergent vegetation revisited//Proceedings of the 1st IAHR Europe Congress. Edinburgh.

Bączyk A, Wagner M, Okruszko T, et al., 2018. Influence of technical maintenance measures on ecological status of agricultural lowland rivers: Systematic review and implications for river management. Science of the Total Environment, 627: 189-199.

Baptist M, Babovic V, Uthurburuet J R, et al., 2007. On inducing equations for vegetation resistance. Journal of Hydraulic Research, 45(4): 435-450.

Blasius H, 1913. Das ähnlichkeitsgesetz bei reibungsvorgängen in flüssigkeiten//Verein Deutscher Ingenieure. Mitteilungen über Forschungsarbeiten auf dem Gebiete des Ingenieurwesens. Berlin: Springer: 1-41.

Boller M L, Carrington E, 2006. The hydrodynamic effects of shape and size change during reconfiguration of a flexible macroalga. Journal of Experimental Biology, 209(10): 1894-1903.

Carollo F G, Ferro V, Termini D, 2002. Flow velocity measurements in vegetated channels. Journal of Hydraulic Engineering, 128(7): 664-673.

Carollo F G, Ferro V, Termini D, 2005. Flow resistance law in channels with flexible submerged vegetation. Journal of Hydraulic Engineering, 131(7): 554-564.

Caroppi G, Västilä K, Järvelä J, et al., 2019. Turbulence at water-vegetation interface in open channel flow: Experiments with natural-like plants. Advances in Water Resources, 127: 180-191.

Chen C, 1991. Unified theory on power laws for flow resistance. Journal of Hydraulic Engineering, 117(3): 371-389.

Chen L, 2010. An integral approach for large deflection cantilever beams. International Journal of Non-Linear Mechanics, 45(3): 301-305.

Chen Z B, Jiang C B, Nepf H, 2013. Flow adjustment at the leading edge of a submerged aquatic canopy. Water Resources Research, 49(9): 5537-5551.

Cheng L, Shen Y M, 2009. A three-dimensional solid-liquid two-phase turbulence model with the effect of vegetation in non-orthogonal curvilinear coordinates. Science in China, 52(7): 1062-1073.

Cheng N S, 2011. Representative roughness height of submerged vegetation. Water Resources Research, 47: W08517.

Cheng N S, 2012. Calculation of drag coefficient for arrays of emergent circular cylinders with pseudofluid model. Journal of Hydraulic Engineering, 139(6): 602-611.

Cheng N S, 2014. Resistance coefficients for artificial and natural coarse-bed channels: Alternative approach for large-scale roughness. Journal of Hydraulic Engineering, 141(2): 04014072.

Cheng N S, 2015. Single-layer model for average flow velocity with submerged rigid cylinders. Journal of Hydraulic Engineering, 141(10): 06015012.

Cheng N S, 2017. Simple modification of Manning-Strickler formula for large-scale roughness. Journal of Hydraulic Engineering, 143(9): 04017031.

Cheng N S, Nguyen H T, 2010. Hydraulic radius for evaluating resistance induced by simulated emergent vegetation in open-channel flows. Journal of Hydraulic Engineering, 137(9): 995-1004.

Ciraolo G, Ferreri G, 2007. Log velocity profile and bottom displacement for a flow over a very flexible submerged canopy// 32nd Congress of IAHR. Corila: 1-13.

Clarke S J, 2002. Vegetation growth in rivers: Influences upon sediment and nutrient dynamics. Progress in Physical Geography, 26(2): 159-172.

De Langre E, 2008. Effects of wind on plants. Annual Review of Fluid Mechanics, 40: 141-168.

De Vriend H J, Van Koningsveld M, Aarninkhof S G, et al., 2015. Sustainable hydraulic engineering through building with nature. Journal of Hydro-Environment Research, 9(2): 159-171.

Dijkstra J T, Uittenbogaard R E, 2010. Modeling the interaction between flow and highly flexible aquatic vegetation. Water Resources Research, 46(W1247): 1-14.

Dunn C, 1996. Experimental determination of drag coefficients in open channel with simulated vegetation. Urbana-Champaign: University of Illinois.

Dunn C J, López F, García M H, 1996. Mean flow and turbulence in a laboratory channel with simulated vegetation. Hydrosystems Laboratory, Department of Civil Engineering, University of Illinois.

Etminan V, Lowe R J, Ghisalberti M, 2017. A new model for predicting the drag exerted by vegetation canopies. Water Resources Research, 53(4): 3179-3196.

Fathi-Moghadam M, Drikvandi K, Lashkarara B, et al., 2011. Determination of friction factor for rivers with non-submerged vegetation in banks and floodplains. Scientific Research and Essays, 6(22): 4714-4719.

Ferreira R M, Ricardo A M, Franca M J, 2009. Discussion of "Laboratory investigation of mean drag in a random array of rigid, emergent cylinders" by Yukie Tanino and Heidi M. Nepf. Journal of Hydraulic Engineering, 135(8): 690-693.

Findlay S, 1995. Importance of surface-subsurface exchange in stream ecosystems: The hyporheic zone. Limnology and Oceanography, 40(1): 159-164.

Finnigan J, 2000. Turbulence in plant canopies. Annual Review of Fluid Mechanics, 32(1): 519-571.

Fischer-Antze T, Stoesser T, Bates P, et al., 2001. 3D numerical modelling of open-channel flow with submerged vegetation. Journal of Hydraulic Research, 39(3): 303-310.

Folkard A M, 2005. Hydrodynamics of model Posidonia oceanica patches in shallow water. Limnology and Oceanography, 50(5): 1592-1600.

French R H, 1985. Open-channel hydraulics. Littleton: Water Resources Publication.

Ghisalberti M, Nepf H M, 2002. Mixing layers and coherent structures in vegetated aquatic flows. Journal of Geophysical Research, 107(C2): 3011.

Ghisalberti M, Nepf H M, 2004. The limited growth of vegetated shear layers. Water Resources Research, 40(7): 196-212.

Ghisalberti M, Nepf H M, 2006. The structure of the shear layer in flows over rigid and flexible canopies. Environmental Fluid Mechanics, 6(3): 277-301.

Ghisalberti M, Nepf H M, 2009. Shallow flows over a permeable medium: The hydrodynamics of submerged aquatic canopies. Transport in Porous Media, 78(2): 309-326.

Gioia G, Chakraborty P, 2006. Turbulent friction in rough pipes and the energy spectrum of the phenomenological theory. Physical Review Letters, 96(4): 044502.

Gosselin F, De Langre E, MacHado-Almeida B A, 2010. Drag reduction of flexible plates by reconfiguration. Journal of Fluid Mechanics, 650: 319-341.

Gurnell A, 2014. Plants as river system engineers. Earth Surface Processes and Landforms, 39(1): 4-25.

Hornberger G M, Wiberg P L, Raffensperger J P, et al., 2014. Elements of physical hydrology. Baltimore: Johns Hopkins University Press.

Hsieh T, 1964. Resistance of cylindrical piers in open-channel flow. Journal of the Hydraulics Division, 90(1): 161-173.

Huai W X, Geng C, Zeng Y H, et al., 2011. Analytical solutions for transverse distributions of stream-wise velocity in turbulent flow in rectangular channel with partial vegetation. Applied Mathematics and Mechanics (English Edition), 32(4):459-468.

Huai W X, Hu Y, Zeng Y H, et al., 2012. Velocity distribution for open channel flows with suspended vegetation. Advances in Water Resources, 49(8): 56-61.

Huai W X, Wang W J, Hu Y, et al., 2014. Analytical model of the mean velocity distribution in an open channel with double-layered rigid vegetation. Advances in Water Resources, 69: 106-113.

Huai W X, Wang W J, Zeng Y H, 2013. Two-layer model for open channel flow with submerged flexible vegetation. Journal of Hydraulic Research, 51(6): 708-718.

Huai, W X, Xue W Y, Qian Z D, 2015. Large-eddy simulation of turbulent rectangular open-channel flow with an emergent rigid vegetation patch. Advances in Water Resources, 80: 30-42.

Huai W X, Zeng Y H, Xu Z, et al., 2009. Three-layer model for vertical velocity distribution in open channel flow with submerged rigid vegetation. Advances in Water Resources, 32(4): 487-492.

Huai W X, Zhang J, Katul G, et al., 2019. The structure of turbulent flow through submerged flexible vegetation. Journal of Hydrodynamics, 31: 774-781.

Hui E Q, Xing H U, Jiang C B, et al., 2010. A study of drag coefficient related with vegetation based on the flume experiment. Journal of Hydrodynamics, 22(3): 329-337.

Huthoff F, Augustijn D, Hulscher S J, 2007. Analytical solution of the depth-averaged flow velocity in case of submerged rigid cylindrical vegetation. Water Resources Research, 43(6): W06413.

Ishikawa Y, Mizuhara K, Ashida S, 2000. Effect of density of trees on drag exerted on trees in river channels. Journal of Forest Research, 5(4): 271-279.

Järvelä J, 2002. Flow resistance of flexible and stiff vegetation: A flume study with natural plants. Journal of Hydrology, 269(1): 44-54.

Järvelä J, 2005. Effect of submerged flexible vegetation on flow structure and resistance. Journal of Hydrology, 307(1): 233-241.

Jackson P S, 1981. On the displacement height in the logarithmic velocity profile. Journal of Fluid Mechanics, 111: 15-25.

James C, Birkhead A, Jordanova A, et al., 2004. Flow resistance of emergent vegetation. Journal of Hydraulic Research, 42(4): 390-398.

Katul G G, Poggi D, Ridolfi L, 2011. A flow resistance model for assessing the impact of vegetation on flood routing mechanics. Water Resources Research, 47(8): 427-438.

Katul G G, Wiberg P, Albertson J, et al., 2002. A mixing layer theory for flow resistance in shallow streams. Water Resources Research, 38(11): 1250.

Kennard R W, Stone L A, 1969. Computer aided design of experiments. Technometrics, 11(1): 137-148.

Keulegan G H, 1938. Laws of turbulent flow in open channels. Journal of Research of the National Bureau of Standards, 21(6): 707.

Klopstra D, Barneveld H, Van Noortwijk J, et al., 1997. Analytical model for hydraulic roughness of submerged vegetation// 27th IAHR Congress. HKV Consultants, San Francisco: 775-780.

Konings A G, Katul G G, Thompson S E, 2012. A phenomenological model for the flow resistance over submerged vegetation. Water Resources Research, 48(2): W02522.

Kothyari U C, Hayashi K, Hashimoto H, 2009. Drag coefficient of unsubmerged rigid vegetation stems in open channel flows. Journal of Hydraulic Research, 47(6): 691-699.

Kouwen N, 1992. Modern approach to design of grassed channels. Journal of Irrigation and Drainage Engineering, 118(5): 733-743.

Kouwen N, Fathi-Moghadam M, 2000. Friction factors for coniferous trees along rivers. Journal of Hydraulic Engineering, 126(10): 732-740.

Kouwen N, Li R M, Simons D B, 1981. Flow resistance in vegetated waterways. Transactions of the ASAE, 24(3): 684-690.

Kouwen N, Unny T E, Hill H M, 1969. Flow retardance in vegetated channels. Journal of the Irrigation and Drainage Division, 95(2): 329-342.

Kubrak E, Kubrak J, Rowiński P M, 2008. Vertical velocity distributions through and above submerged, flexible vegetation. Hydrological Sciences Journal, 53(4): 905-920.

Kundu P K, Cohen I M, 2004. Fluid mechanics. New York: Elsevier.

Le Bouteiller C, Venditti J G, 2015. Sediment transport and shear stress partitioning in a vegetated flow. Water Resources Research, 51(4): 2901-2922.

Lee J K, Roig L C, Jenter H L, et al., 2004. Drag coefficients for modeling flow through emergent vegetation in the Florida Everglades. Ecological Engineering, 22(4-5): 237-248.

Li R M, Shen H W, 1973. Effect of tall vegetations on flow and sediment. Journal of the Hydraulics Division, 99(5): 793-814.

Liu C, Shan Y, Liu X, et al., 2016. The effect of floodplain grass on the flow characteristics of meandering compound channels. Journal of Hydrology, 542: 1-17.

Liu D, Diplas P, Fairbanks J, et al., 2008. An experimental study of flow through rigid vegetation. Journal of Geophysical Research: Earth Surface, 113: F04015.

Liu Z, Chen Y, Zhu D, et al., 2012. Analytical model for vertical velocity profiles in flows with submerged shrub-like vegetation. Environmental Fluid Mechanics, 12: 341-346.

López F, García M H, 2001. Mean flow and turbulence structure of open-channel flow through non-emergent vegetation. Journal of Hydraulic Engineering, 127(5): 392-402.

Luhar M, Nepf H M, 2013. From the blade scale to the reach scale: A characterization of aquatic vegetative drag. Advances in Water Resources, 51: 305-316.

Luhar M, Rominger J, Nepf H, 2008. Interaction between flow, transport and vegetation spatial structure. Environmental Fluid Mechanics, 8(5-6): 423-439.

Maltese A, Cox E, Folkard A M, et al., 2007. Laboratory measurements of flow and turbulence in discontinuous distributions of ligulate seagrass. Journal of Hydraulic Engineering, 133(7): 750-760.

Mattis S A, Dawson C N, Kees C E, et al., 2012. Numerical modeling of drag for flow through vegetated domains and porous structures. Advances in Water Resources, 39: 44-59.

McComb W D, 1990. The physics of fluid turbulence. Oxford: Oxford University Press.

Meijer D, 1998. Flumes studies of submerged vegetation. In PR121. 10, HKV, Lelystad (in Dutch).

Meijer D, Van Velzen E, 1999. Prototype-scale flume experiments on hydraulic roughness of submerged vegetation// Proceedings of the 28th IAHR World Conference, Graz, Austria.

Murphy E, Ghisalberti M, Nepf H, 2007. Model and laboratory study of dispersion in flows with submerged vegetation. Water Resources Research, 43(5): 687-696.

Naiman R J, Decamps H, 1997. The ecology of interfaces: Riparian zones. Annual review of Ecology and Systematics, 28(1): 621-658.

Naot D, Nezu I, Nakagawa H, 1996. Hydrodynamic behavior of partly vegetated open channels. Journal of Hydraulic Engineering, 122(11): 625-633.

Nepf H M, 1999. Drag, turbulence, and diffusion in flow through emergent vegetation. Water Resources Research, 35(2): 479-489.

Nepf H M, 2012. Flow and transport in regions with aquatic vegetation. Annual Review of Fluid Mechanics, 44: 123-142.

Nepf H M, Ghisalberti M, 2008. Flow and transport in channels with submerged vegetation. Acta Geophysica, 56: 753-777.

Nepf H M, Vivoni E R, 2000. Flow structure in depth-limited, vegetated flow. Journal of Geophysical Research: Oceans, 105(C12): 28547-28557.

Nezu I, Sanjou M, 2008. Turburence structure and coherent motion in vegetated canopy open-channel flows. Journal of Hydro-Environment Research, 2(2): 62-90.

Nikora N, Nikora V, O'Donoghue T, 2013. Velocity profiles in vegetated open-channel flows: Combined effects of multiple mechanisms. Journal of Hydraulic Engineering, 139(10): 1021-1032.

Nikuradse J, 1933. Stromungsgesetze in rauhen Rohren. V D I-Forschungsheft: 361.

Okamoto T A, Nezu I, 2009. Turbulence structure and "Monami" phenomena in flexible vegetated open-channel flows. Journal of Hydraulic Research, 47(6): 798-810.

Okamoto T A, Nezu I, 2010. Flow resistance law in open-channel flows with rigid and flexible vegetation// Andreas D, Katinka K, Jochen A. River Flow 2010. Karlsruhe: Bundesanstalt für Wasserbau.

Okamoto T A, Nezu I, 2013. Spatial evolution of coherent motions in finite-length vegetation patch flow. Environmental Fluid Mechanics, 13(5): 417-434.

Ozan A Y, 2018. Flow structure at the downstream of a one-line riparian emergent tree along the floodplain edge in a compound open-channel flow. Journal of Hydrodynamics, 30(3): 470-480.

Pasche E, Rouvé G, 1985. Overbank flow with vegetatively roughened flood plains. Journal of Hydraulic Engineering, 111(9): 1262-1278.

Poggi D, Katul G G, 2006. Two-dimensional scalar spectra in the deeper layers of a dense and uniform model canopy. Boundary-Layer Meteorology, 121(2): 267-281.

Poggi D, Katul G G, 2008. Micro- and macro-dispersive fluxes in canopy flows. Acta Geophysica, 56(3): 778-799.

Poggi D, Katul G, Albertson J, 2004a. Momentum transfer and turbulent kinetic energy budgets within a dense model canopy. Boundary-Layer Meteorology, 111(3): 589-614.

Poggi D, Katul G, Albertson J, 2004b. A note on the contribution of dispersive fluxes to momentum transfer within canopies. Boundary-Layer Meteorology, 111: 615-621.

Poggi D, Krug C, Katul G G, 2009. Hydraulic resistance of submerged rigid vegetation derived from first-order closure models. Water Resources Research, 45(10): 2381-2386.

Poggi D, Porporato A, Ridolfi L, et al., 2004c. The effect of vegetation density on canopy sub-layer turbulence. Boundary-Layer Meteorology, 111(3): 565-587.

Raupach M R, Thom A S, 1981. Turbulence in and above plant canopies. Annual Review of Fluid Mechanics, 13(13): 97-129.

Recking A, Frey P, Paquier A, et al., 2008. Feedback between bed load transport and flow resistance in gravel and cobble bed rivers. Water Resources Research, 44: W05412.

Reynolds A J, 1974. Turbulent flows in engineering. London: John Wiley.

Rickenmann D. Recking A, 2011. Evaluation of flow resistance in gravel-bed rivers through a large field data set. Water Resources Research, 47: W07538.

Righetti M, 2008. Flow analysis in a channel with flexible vegetation using double-averaging method. Acta Geophysica, 56(3): 801-823.

Rowiński P M, Kubrak J, 2002. A mixing-length model for predicting vertical velocity distribution in flows through emergent vegetation. International Association of Scientific Hydrology Bulletin, 47(6): 893-904.

Rowiński P M, Västilä K, Aberle J, et al., 2018. How vegetation can aid in coping with river management challenges: A brief review. Ecohydrology & Hydrobiology, 18(4): 345-354.

Schmidt M, Lipson H, 2009. Distilling free-form natural laws from experimental data. Science, 324 (5923): 81-85.

Shimizu Y, Tsujimoto T, Nakagawa H, et al., 1991. Experimental study on flow over rigid vegetation simulated by cylinders with equi-spacing. Doboku Gakkai Ronbunshu, 438: 31-40.

Stephan U, Gutknecht D, 2002. Hydraulic resistance of submerged flexible vegetation. Journal of Hydrology, 269(1): 27-43.

Stoesser T, Kim S, Diplas P, 2010. Turbulent flow through idealized emergent vegetation. Journal of Hydraulic Engineering, 136(12): 1003-1017.

Stoesser T, Liang C, Rodi W, et al., 2006. Large eddy simulation of fully-developed turbulent flow through submerged vegetation//International Conference on Fluvial Hydraulics. Lisbon, 1: 227-234.

Stoesser T, Salvador G P, Rodi W, et al., 2009. Large eddy simulation of turbulent flow through submerged vegetation. Transport in Porous Media, 78: 347-365.

Stone B M, Shen H T, 2002. Hydraulic resistance of flow in channels with cylindrical roughness. Journal of Hydraulic Engineering, 128(5): 500-506.

Strickler A, 1923. Contributions to the question of velocity formula and the roughness numbers for rivers, channels and pipes. Mitteilung 16.

Tang H W, Lu S Q, Long J C, 2007a. Settling velocity of coarse sediment particles in still water with rigid vegetation. Journal of Hydraulic Engineering, 38(10): 1214-1220.

Tang H W, Tian Z, Yan J, et al., 2014. Determining drag coefficients and their application in modelling of turbulent flow with submerged vegetation. Advances in Water Resources, 69(3): 134-145.

Tang H W, Wang H, Liang D F, et al., 2013. Incipient motion of sediment in the presence of emergent rigid vegetation. Journal of Hydro-Environment Research, 7(3): 202-208.

Tang H W, Yan J, Xiao Y, et al., 2007b. Manning's roughness coefficient of vegetated channels. Journal of Hydraulic Engineering, 38(11): 1347-1353.

Tanino Y, Nepf H M, 2008. Laboratory investigation of mean drag in a random array of rigid, emergent cylinders. Journal of Hydraulic Engineering, 134(1): 34-41.

Uittenbogaard R, 2003. Modelling turbulence in vegetated aquatic flows//International workshop on

RIParian FORest vegetated channels: Hydraulic, morphological and ecological aspects: 20-22.

Van Velzen E H, Jesse P, Cornelissen P, et al., 2003. Hydraulic resistance of vegetation in floodplains, Part 2: Background Document Version 1-2003. Ministry of Transport, Public Works and Water Management, Institute for Inland Water Management and Waste Water Treatment.

Wang C, Zheng S S, Wang P F, et al., 2015a. Interactions between vegetation, water flow and sediment transport: A review. Journal of Hydrodynamics, 27(1): 24-37.

Wang H, Tang H W, Yuan S Y, et al., 2014. An experimental study of the incipient bed shear stress partition in mobile bed channels filled with emergent rigid vegetation. Science China Technological Sciences, 57(6): 1165-1174.

Wang K, Yuan Z, An Y, et al., 2013. Analyzing the non-stationary space relationship of a city's degree of vegetation and social economic conditions in Shanghai, China using OLS and GWR models//Gao W, Jackson T J, Wang J. Remote Sensing and Modeling of Ecosystems for Sustainability X, 8869: 88690O.

Wang P F, Wang C, Wang P F, et al., 2011. Numerical model for flow through submerged vegetation regions in a shallow lake. Journal of Hydrodynamics, 23(2): 170-178.

Wang W J, Huai W X, Li S, et al., 2019a. Analytical solutions of velocity profile in flow through submerged vegetation with variable frontal width. Journal of Hydrology, 578: 124088.

Wang W J, Huai W X, Thompson S, et al., 2015b. Steady nonuniform shallow flow within emergent vegetation. Water Resources Research, 51(12): 10047-10064.

Wang W J, Huai W X, Thompson S, et al., 2018a. Drag coefficient estimation using flume experiments in shallow non-uniform water flow within emergent vegetation during rainfall. Ecological Indicators, 92: 367-378.

Wang W J, Huai W X, Zeng Y H, et al., 2015c. Analytical solution of velocity distribution for flow through submerged large deflection flexible vegetation. Applied Mathematics and Mechanics, 36(1): 107-120.

Wang W J, Peng W Q, Huai W X, et al., 2018b. Roughness height of submerged vegetation in flow based on spatial structure. Journal of Hydrodynamics, 30(4): 754-757.

Wang W J, Peng W Q, Huai W X, et al., 2019b. Friction factor for turbulent open channel flow covered by vegetation. Scientific Reports, 9(1): 5178.

White B L, Nepf H M, 2007. Shear instability and coherent structures in shallow flow adjacent to a porous layer. Journal of Fluid Mechanics, 593: 1-32.

Wu F C, Shen H W, Chou Y J, 1999. Variation of roughness coefficients for unsubmerged and submerged vegetation. Journal of Hydraulic Engineering, 125(9): 934-942.

Xian W, Gao Q, Chao W, et al., 2017. Spatiotemporal patterns of vegetation phenology change and relationships with climate in the two transects of East China. Global Ecology & Conservation, 10(C): 206-219.

Yan J, 2008. Experimental study of flow resistance and turbulence characteristics of open channel flow with vegetation. Nanjing: Hohai University.

Yang S Q, Chow A T, 2008. Turbulence structures in non-uniform flows. Advances in Water Resources, 31(10): 1344-1351.

Yang W, 2008. Experimental study of turbulent open-channel flows with submerged vegetation. Seoul: Yonsei University.

Yang W, Choi S U, 2010. A two-layer approach for depth-limited open-channel flows with submerged vegetation. Journal of Hydraulic Research, 48(4): 466-475.

Yang Z, Tang J, Shen Y, 2018. Numerical study for vegetation effects on coastal wave propagation by using nonlinear Boussinesq model. Applied Ocean Research, 70: 32-40.

Yen B C, 1992a. Channel flow resistance: Centennial of Manning's formula. Littleton: Water Resources Publication.

Yen B C, 1992b. Dimensionally homogeneous Manning's formula. Journal of Hydraulic Engineering, 118(9): 1326-1332.

Zhan J M, Hu W Q, Cai W H, et al., 2017. Numerical simulation of flow through circular array of cylinders using porous media approach with non-constant local inertial resistance coefficient. Journal of Hydrodynamics, 29(1): 168-171.

Zhang M, Shen Y, 2009. 3D turbulent numerical simulation in compound open channel with vegetation. Journal of Basic Science & Engineering, 17(3): 402-411.

Zhang M L, Li C W, Shen Y M, 2010. A 3D non-linear: Turbulent model for prediction of flow and mass transport in channel with vegetation. Applied Mathematical Modelling, 34(4): 1021-1031.

Zhang M L, Qiao H T, Xu Y Y, et al., 2016. Numerical study of wave-current-vegetation interaction in coastal waters. Environmental Fluid Mechanics, 16(5): 1-17.

附录　实验数据汇总

S1　挺水刚性植被实验数据

数据来源	ϕ	D/m	U_v/（m/s）	Re_v	C_d
Wang 等（2015b）	0.419	0.008	0.144	1 256	1.54
	0.291	0.008	0.181	2 773	1.11
	0.206	0.008	0.201	4 856	1.04
	0.163	0.008	0.202	6 506	1.11
	0.073	0.008	0.236	18 859	1.17
	0.041	0.008	0.276	40 512	1.31
	0.018	0.008	0.265	90 761	1.12
	0.01	0.008	0.306	190 530	1.36
Ishikawa 等（2000）	0.008 1	0.006 4	0.306	189 338	1.15
	0.008 1	0.006 4	0.335	207 514	1.01
	0.008 1	0.006 4	0.344	213 123	0.98
	0.008 1	0.006 4	0.471	291 303	0.96
	0.008 1	0.006 4	0.510	315 942	0.94
	0.008 1	0.006 4	0.605	374 429	0.95
	0.008 1	0.006 4	0.669	413 893	0.95
	0.008 1	0.006 4	0.708	438 496	0.90
	0.008 1	0.006 4	0.531	328 544	0.86
	0.032 2	0.006 4	0.248	37 454	1.29
	0.032 2	0.006 4	0.343	51 717	1.29
	0.032 2	0.006 4	0.354	53 438	1.29
	0.032 2	0.006 4	0.361	54 461	1.26
	0.032 2	0.006 4	0.260	39 324	1.21

续表

数据来源	ϕ	D/m	U_v/（m/s）	Re_v	C_d
Ishikawa 等（2000）	0.032 2	0.006 4	0.165	24 883	1.19
	0.003 1	0.004	0.380	377 933	0.99
	0.003 1	0.004	0.419	417 518	0.89
	0.003 1	0.004	0.434	431 972	0.87
	0.003 1	0.004	0.574	571 350	0.80
	0.003 1	0.004	0.630	627 474	0.77
	0.003 1	0.004	0.656	652 718	0.73
	0.003 1	0.004	0.739	735 925	0.66
	0.003 1	0.004	0.845	840 845	0.58
	0.003 1	0.004	0.908	904 213	0.56
	0.012 6	0.004	0.220	54 102	1.01
	0.012 6	0.004	0.332	81 940	1.03
	0.012 6	0.004	0.354	87 298	0.99
	0.012 6	0.004	0.478	117 837	1.01
	0.012 6	0.004	0.467	115 123	0.98
	0.012 6	0.004	0.493	121 410	0.98
	0.012 6	0.004	0.478	117 824	0.99
Tanino 等（2008）	0.09	0.006 4	0.105	5 266	1.54
	0.09	0.006 4	0.084	4 229	1.56
	0.09	0.006 4	0.061	3 063	1.60
	0.09	0.006 4	0.044	2 190	1.65
	0.09	0.006 4	0.034	1 714	1.70
	0.09	0.006 4	0.027	1 376	1.76
	0.09	0.006 4	0.024	1 194	1.80
	0.15	0.006 4	0.062	1 760	2.66

续表

数据来源	ϕ	D/m	U_v/（m/s）	Re_v	C_d
Tanino 等（2008）	0.15	0.006 4	0.048	1 360	2.79
	0.15	0.006 4	0.036	1 037	2.98
	0.15	0.006 4	0.029	812	3.17
	0.15	0.006 4	0.022	635	3.43
	0.15	0.006 4	0.019	537	3.64
	0.15	0.006 4	0.016	443	3.94
	0.15	0.006 4	0.014	389	4.17
	0.2	0.006 4	0.074	1 488	2.66
	0.2	0.006 4	0.058	1 165	2.77
	0.2	0.006 4	0.041	822	2.98
	0.2	0.006 4	0.030	595	3.21
	0.2	0.006 4	0.022	437	3.55
	0.2	0.006 4	0.016	321	3.98
	0.2	0.006 4	0.012	248	4.46
	0.2	0.006 4	0.009	189	5.14
	0.2	0.006 4	0.008	156	5.71
	0.2	0.006 4	0.007	133	6.28
	0.2	0.006 4	0.006	113	7.04
	0.2	0.006 4	0.005	100	7.60
	0.2	0.006 4	0.005	92	8.10
	0.27	0.006 4	0.045	616	3.72
	0.27	0.006 4	0.036	482	3.89
	0.27	0.006 4	0.027	373	4.10
	0.27	0.006 4	0.019	260	4.48
	0.27	0.006 4	0.015	198	4.92

续表

数据来源	ϕ	D/m	U_v /（m/s）	Re_v	C_d
Tanino 等（2008）	0.27	0.006 4	0.011	151	5.45
	0.27	0.006 4	0.009	123	5.99
	0.27	0.006 4	0.007	101	6.60
	0.27	0.006 4	0.006	82	7.41
	0.27	0.006 4	0.005	66	8.46
	0.27	0.006 4	0.004	54	9.65
	0.35	0.006 4	0.047	440	3.99
	0.35	0.006 4	0.035	323	4.20
	0.35	0.006 4	0.027	249	4.42
	0.35	0.006 4	0.022	200	4.68
	0.35	0.006 4	0.016	153	5.05
	0.35	0.006 4	0.014	127	5.38
	0.35	0.006 4	0.011	104	5.79
	0.35	0.006 4	0.010	91	6.17
	0.35	0.006 4	0.008	74	6.72
	0.35	0.006 4	0.007	65	7.22
	0.35	0.006 4	0.006	59	7.63

S2　沉水刚性植被实验数据

数据来源	Q/（m^3/s）	B/m	h_w/m	S_0	ϕ	D/m	h_v/m
Dunn 等（1996）	0.179 00	0.91	0.335	0.003 600	0.005 45	0.006 4	0.118
	0.088 00	0.91	0.229	0.003 600	0.005 45	0.006 4	0.118
	0.046 00	0.91	0.164	0.003 600	0.005 45	0.006 4	0.118
	0.178 00	0.91	0.276	0.007 600	0.005 45	0.006 4	0.118
	0.098 00	0.91	0.203	0.007 600	0.005 45	0.006 4	0.118
	0.178 00	0.91	0.267	0.003 600	0.001 36	0.006 4	0.118
	0.095 00	0.91	0.183	0.003 600	0.001 36	0.006 4	0.118
	0.180 00	0.91	0.391	0.003 600	0.012 26	0.006 4	0.118
	0.058 00	0.91	0.214	0.003 600	0.012 26	0.006 4	0.118
	0.180 00	0.91	0.265	0.016 100	0.012 26	0.006 4	0.118
	0.177 00	0.91	0.311	0.003 600	0.003 07	0.006 4	0.118
	0.181 00	0.91	0.233	0.010 800	0.003 07	0.006 4	0.118
Ghisalberti 等（2004）	0.004 80	0.38	0.467	0.000 010	0.012 58	0.006 4	0.139
	0.001 70	0.38	0.467	0.000 002	0.012 58	0.006 4	0.139
	0.007 40	0.38	0.467	0.000 025	0.017 08	0.006 4	0.139
	0.004 80	0.38	0.467	0.000 012	0.017 08	0.006 4	0.139
	0.014 30	0.38	0.467	0.000 075	0.020 11	0.006 4	0.138
	0.009 40	0.38	0.467	0.000 032	0.020 11	0.006 4	0.138
	0.004 80	0.38	0.467	0.000 013	0.020 11	0.006 4	0.138
	0.014 30	0.38	0.467	0.000 100	0.040 21	0.006 4	0.138
	0.009 40	0.38	0.467	0.000 034	0.040 21	0.006 4	0.138
	0.004 80	0.38	0.467	0.000 013	0.040 21	0.006 4	0.138
	0.001 70	0.38	0.467	0.000 003	0.040 21	0.006 4	0.138
Liu 等（2008）	0.011 40	0.30	0.097	0.003 000	0.006 14	0.006 4	0.076
	0.011 40	0.30	0.101	0.003 000	0.012 29	0.006 4	0.076

续表

数据来源	Q/（m^3/s）	B/m	h_w/m	S_0	ϕ	D/m	h_v/m
Liu 等（2008）	0.011 40	0.30	0.087	0.003 000	0.003 07	0.006 4	0.076
	0.011 40	0.30	0.114	0.003 000	0.015 71	0.006 4	0.076
	0.011 40	0.30	0.115	0.003 000	0.015 71	0.006 4	0.076
	0.011 40	0.30	0.118	0.003 000	0.015 71	0.006 4	0.076
	0.011 40	0.30	0.119	0.003 000	0.015 71	0.006 4	0.076
	0.011 40	0.30	0.114	0.003 000	0.015 71	0.006 4	0.076
	0.011 40	0.30	0.119	0.003 000	0.015 71	0.006 4	0.076
López 等（2001）	0.179 00	0.91	0.335	0.003 600	0.005 47	0.006 4	0.120
	0.088 00	0.91	0.229	0.003 600	0.005 47	0.006 4	0.120
	0.046 00	0.91	0.164	0.003 600	0.005 47	0.006 4	0.120
	0.178 00	0.91	0.276	0.007 600	0.005 47	0.0064	0.120
	0.098 00	0.91	0.203	0.007 600	0.005 47	0.006 4	0.120
	0.178 00	0.91	0.267	0.003 600	0.001 35	0.006 4	0.120
	0.095 00	0.91	0.183	0.003 600	0.001 35	0.006 4	0.120
	0.180 00	0.91	0.391	0.003 600	0.012 35	0.006 4	0.120
	0.058 00	0.91	0.214	0.003 600	0.012 35	0.006 4	0.120
	0.180 00	0.91	0.265	0.016 100	0.012 35	0.006 4	0.120
	0.177 00	0.91	0.311	0.003 600	0.003 12	0.006 4	0.120
	0.181 00	0.91	0.233	0.011 000	0.003 12	0.006 4	0.120
Meijer（1998）	1.039 50	3.00	1.980	0.001 090	0.012 87	0.008 0	1.500
	1.391 01	3.00	1.990	0.001 800	0.012 87	0.008 0	1.500
	1.392 84	3.00	2.190	0.000 950	0.012 87	0.008 0	1.500
	1.563 66	3.00	2.190	0.001 250	0.012 87	0.008 0	1.500
	1.706 10	3.00	2.350	0.000 810	0.012 87	0.008 0	1.500
	2.355 63	3.00	2.330	0.001 540	0.012 87	0.008 0	1.500

续表

数据来源	Q/(m^3/s)	B/m	h_w/m	S_0	ϕ	D/m	h_v/m
	1.912 50	3.00	2.500	0.000 650	0.012 87	0.008 0	1.500
	2.726 88	3.00	2.470	0.001 430	0.012 87	0.008 0	1.500
	1.863 27	3.00	2.010	0.001 060	0.003 22	0.008 0	1.500
	2.526 57	3.00	2.010	0.001 930	0.003 22	0.008 0	1.500
	2.290 20	3.00	2.200	0.001 010	0.003 22	0.008 0	1.500
	3.074 76	3.00	2.190	0.001 880	0.003 22	0.008 0	1.500
	2.622 60	3.00	2.350	0.000 930	0.003 22	0.008 0	1.500
	3.458 07	3.00	2.310	0.001 870	0.003 22	0.008 0	1.500
	2.909 04	3.00	2.480	0.000 940	0.003 22	0.008 0	1.500
	3.948 30	3.00	2.460	0.001 780	0.003 22	0.008 0	1.500
	1.123 44	3.00	1.510	0.001 070	0.012 87	0.008 0	0.900
	1.618 80	3.00	1.520	0.002 040	0.012 87	0.008 0	0.900
Meijer (1998)	1.797 33	3.00	1.810	0.000 850	0.012 87	0.008 0	0.900
	2.554 20	3.00	1.800	0.001 650	0.012 87	0.008 0	0.900
	2.526 81	3.00	2.090	0.000 710	0.012 87	0.008 0	0.900
	3.617 79	3.00	2.090	0.001 380	0.012 87	0.008 0	0.900
	3.720 00	3.00	2.480	0.000 550	0.012 87	0.008 0	0.900
	5.963 04	3.00	2.460	0.001 490	0.012 87	0.008 0	0.900
	1.748 58	3.00	1.510	0.001 030	0.003 22	0.008 0	0.900
	2.526 24	3.00	1.520	0.002 050	0.003 22	0.008 0	0.900
	2.503 23	3.00	1.810	0.000 850	0.003 22	0.008 0	0.900
	3.529 74	3.00	1.780	0.001 800	0.003 22	0.008 0	0.900
	3.383 10	3.00	2.100	0.000 750	0.003 22	0.008 0	0.900
	4.721 52	3.00	2.060	0.001 640	0.003 22	0.008 0	0.900
	4.779 45	3.00	2.470	0.000 710	0.003 22	0.008 0	0.900

续表

数据来源	Q/（m^3/s）	B/m	h_w/m	S_0	ϕ	D/m	h_v/m
Meijer（1998）	6.683 82	3.00	2.470	0.001 430	0.003 22	0.008 0	0.900
	0.865 98	3.00	1.020	0.000 780	0.012 87	0.008 0	0.450
	1.309 77	3.00	0.990	0.001 640	0.012 87	0.008 0	0.450
	2.088 33	3.00	1.510	0.000 590	0.012 87	0.008 0	0.450
	3.060 00	3.00	1.500	0.001 380	0.012 87	0.008 0	0.450
	3.742 20	3.00	1.980	0.000 580	0.012 87	0.008 0	0.450
	5.623 74	3.00	1.990	0.001 420	0.012 87	0.008 0	0.450
	5.918 76	3.00	2.460	0.000 700	0.012 87	0.008 0	0.450
	7.178 67	3.00	2.490	0.000 900	0.012 87	0.008 0	0.450
	1.340 28	3.00	1.020	0.000 750	0.003 22	0.008 0	0.450
	1.983 00	3.00	1.000	0.001 870	0.003 22	0.008 0	0.450
	2.808 00	3.00	1.500	0.000 690	0.003 22	0.008 0	0.450
	4.774 50	3.00	1.500	0.001 990	0.003 22	0.008 0	0.450
	5.730 00	3.00	2.000	0.000 990	0.003 22	0.008 0	0.450
	7.314 00	3.00	2.000	0.001 590	0.003 22	0.008 0	0.450
	6.569 52	3.00	2.480	0.000 630	0.003 22	0.008 0	0.450
	8.979 66	3.00	2.410	0.001 270	0.003 22	0.008 0	0.450
	3.557 00	3.00	2.080	0.001 380	0.012 87	0.008 0	0.900
Murphy 等（2007）	0.004 80	0.38	0.467	0.000 010	0.011 79	0.006 0	0.140
	0.007 40	0.38	0.467	0.000 025	0.016 03	0.006 0	0.140
	0.004 80	0.38	0.467	0.000 012	0.016 03	0.006 0	0.140
	0.014 30	0.38	0.467	0.000 075	0.018 86	0.006 0	0.140
	0.004 80	0.38	0.467	0.000 013	0.018 86	0.006 0	0.140
	0.014 30	0.38	0.467	0.000 100	0.037 69	0.006 0	0.140
	0.009 40	0.38	0.467	0.000 034	0.037 69	0.006 0	0.140

续表

数据来源	Q/（m^3/s）	B/m	h_w/m	S_0	ϕ	D/m	h_v/m
Murphy 等（2007）	0.001 70	0.38	0.298	0.000 003	0.011 79	0.006 0	0.070
	0.009 40	0.38	0.298	0.000 080	0.011 79	0.006 0	0.070
	0.004 80	0.38	0.298	0.000 024	0.011 79	0.006 0	0.070
	0.001 70	0.38	0.236	0.000 011	0.011 79	0.006 0	0.070
	0.009 40	0.38	0.236	0.000 116	0.011 79	0.006 0	0.070
	0.004 80	0.38	0.236	0.000 043	0.011 79	0.006 0	0.070
	0.001 70	0.38	0.140	0.000 017	0.011 79	0.006 0	0.070
	0.009 40	0.38	0.140	0.000 487	0.011 79	0.006 0	0.070
	0.004 80	0.38	0.140	0.000 301	0.011 79	0.006 0	0.070
	0.001 70	0.38	0.105	0.000 124	0.011 79	0.006 0	0.070
	0.004 80	0.38	0.105	0.000 666	0.011 79	0.006 0	0.070
	0.001 70	0.38	0.088	0.000 284	0.011 79	0.006 0	0.070
	0.004 80	0.38	0.088	0.001 340	0.011 79	0.006 0	0.070
	0.004 80	0.38	0.298	0.000 020	0.037 69	0.006 0	0.070
	0.004 80	0.38	0.140	0.000 366	0.037 69	0.006 0	0.070
	0.001 70	0.38	0.140	0.000 047	0.037 69	0.006 0	0.070
	0.001 70	0.38	0.105	0.000 232	0.037 69	0.006 0	0.070
Nezu 等（2008）	0.007 20	0.40	0.150	0.000 777	0.184 78	0.008 0	0.050
	0.007 20	0.40	0.150	0.000 652	0.092 39	0.008 0	0.050
	0.007 20	0.40	0.150	0.000 544	0.047 60	0.008 0	0.050
	0.002 50	0.40	0.063	0.001 553	0.047 60	0.008 0	0.050
	0.003 00	0.40	0.075	0.001 165	0.047 60	0.008 0	0.050
	0.004 00	0.40	0.100	0.000 653	0.047 60	0.008 0	0.050
	0.005 00	0.40	0.125	0.000 460	0.047 60	0.008 0	0.050
	0.006 00	0.40	0.150	0.000 364	0.047 60	0.008 0	0.050

续表

数据来源	Q/（m^3/s）	B/m	h_w/m	S_0	ϕ	D/m	h_v/m
Nezu 等（2008）	0.008 00	0.40	0.200	0.000 196	0.047 60	0.008 0	0.050
Poggi 等（2004b）	0.162 00	0.90	0.600	0.000 040	0.000 84	0.004 0	0.120
	0.162 00	0.90	0.600	0.000 070	0.001 68	0.004 0	0.120
	0.162 00	0.90	0.600	0.000 110	0.003 37	0.004 0	0.120
	0.162 00	0.90	0.600	0.000 180	0.006 74	0.004 0	0.120
	0.162 00	0.90	0.600	0.000 320	0.013 47	0.004 0	0.120
Shimizu 等（1991）	0.002 07	0.50	0.064	0.000 660	0.007 85	0.001 0	0.041
	0.003 49	0.50	0.073	0.001 080	0.007 85	0.001 0	0.041
	0.004 79	0.50	0.088	0.000 900	0.007 85	0.001 0	0.041
	0.006 06	0.50	0.095	0.001 000	0.007 85	0.001 0	0.041
	0.007 74	0.50	0.105	0.000 990	0.007 85	0.001 0	0.041
	0.003 54	0.50	0.063	0.001 640	0.007 85	0.001 0	0.041
	0.005 18	0.50	0.075	0.002 130	0.007 85	0.001 0	0.041
	0.006 84	0.50	0.084	0.002 010	0.007 85	0.001 0	0.041
	0.008 56	0.50	0.094	0.001 830	0.007 85	0.001 0	0.041
	0.010 55	0.50	0.106	0.001 760	0.007 85	0.001 0	0.041
	0.004 78	0.50	0.066	0.002 330	0.007 85	0.001 0	0.041
	0.006 31	0.50	0.074	0.002 630	0.007 85	0.001 0	0.041
	0.008 51	0.50	0.085	0.003 040	0.007 85	0.001 0	0.041
	0.010 51	0.50	0.095	0.002 560	0.007 85	0.001 0	0.041
	0.014 15	0.50	0.103	0.003 200	0.007 85	0.001 0	0.041
	0.006 13	0.50	0.066	0.004 550	0.007 85	0.001 0	0.041
	0.007 54	0.50	0.074	0.004 550	0.007 85	0.001 0	0.041
	0.009 80	0.50	0.084	0.004 350	0.007 85	0.001 0	0.041
	0.012 94	0.50	0.096	0.004 350	0.007 85	0.001 0	0.041

续表

数据来源	Q/（m^3/s）	B/m	h_w/m	S_0	ϕ	D/m	h_v/m
Shimizu 等（1991）	0.016 02	0.50	0.105	0.004 760	0.007 85	0.001 0	0.041
	0.005 04	0.40	0.095	0.001 000	0.004 42	0.001 5	0.046
	0.003 51	0.40	0.075	0.001 000	0.004 42	0.001 5	0.046
	0.007 33	0.40	0.094	0.003 000	0.004 42	0.001 5	0.046
	0.005 27	0.40	0.074	0.003 000	0.004 42	0.001 5	0.046
	0.002 16	0.40	0.050	0.003 000	0.004 42	0.001 5	0.046
	0.002 81	0.40	0.057	0.003 000	0.004 42	0.001 5	0.046
	0.011 83	0.40	0.090	0.007 000	0.004 42	0.001 5	0.046
	0.007 76	0.40	0.073	0.007 000	0.004 42	0.001 5	0.046
Stone 等（2002）	0.005 70	0.45	0.151	0.002 320	0.061 06	0.013 0	0.124
	0.003 20	0.45	0.155	0.000 910	0.061 06	0.013 0	0.124
	0.004 80	0.45	0.155	0.001 590	0.061 06	0.013 0	0.124
	0.008 20	0.45	0.155	0.004 060	0.061 06	0.013 0	0.124
	0.011 00	0.45	0.155	0.007 610	0.061 06	0.013 0	0.124
	0.017 00	0.45	0.155	0.017 000	0.061 06	0.013 0	0.124
	0.026 00	0.45	0.155	0.032 000	0.061 06	0.013 0	0.124
	0.002 40	0.45	0.155	0.000 550	0.061 06	0.013 0	0.124
	0.002 70	0.45	0.153	0.000 590	0.061 06	0.013 0	0.124
	0.004 30	0.45	0.155	0.001 440	0.061 06	0.013 0	0.124
	0.007 10	0.45	0.155	0.003 340	0.061 06	0.013 0	0.124
	0.029 00	0.45	0.155	0.044 000	0.061 06	0.013 0	0.124
	0.004 50	0.45	0.206	0.000 450	0.061 06	0.013 0	0.124
	0.006 00	0.45	0.207	0.000 630	0.061 06	0.013 0	0.124
	0.008 70	0.45	0.205	0.000 940	0.061 06	0.013 0	0.124
	0.012 00	0.45	0.205	0.001 980	0.061 06	0.013 0	0.124

续表

数据来源	Q/（m³/s）	B/m	h_w/m	S_0	ϕ	D/m	h_v/m
Stone 等（2002）	0.018 00	0.45	0.206	0.004 450	0.061 06	0.013 0	0.124
	0.029 00	0.45	0.207	0.012 000	0.061 06	0.013 0	0.124
	0.023 00	0.45	0.207	0.007 420	0.061 06	0.013 0	0.124
	0.006 90	0.45	0.207	0.000 810	0.061 06	0.013 0	0.124
	0.005 00	0.45	0.206	0.000 590	0.061 06	0.013 0	0.124
	0.006 60	0.45	0.209	0.000 540	0.061 06	0.013 0	0.124
	0.008 00	0.45	0.206	0.000 900	0.061 06	0.013 0	0.124
	0.009 20	0.45	0.207	0.001 170	0.061 06	0.013 0	0.124
	0.011 00	0.45	0.212	0.001 340	0.061 06	0.013 0	0.124
	0.010 00	0.45	0.311	0.000 360	0.061 06	0.013 0	0.124
	0.011 00	0.45	0.308	0.000 540	0.061 06	0.013 0	0.124
	0.016 00	0.45	0.308	0.000 760	0.061 06	0.013 0	0.124
	0.021 00	0.45	0.311	0.000 930	0.061 06	0.013 0	0.124
	0.013 00	0.45	0.314	0.000 400	0.061 06	0.013 0	0.124
	0.028 00	0.45	0.308	0.001 880	0.061 06	0.013 0	0.124
	0.013 00	0.45	0.308	0.000 350	0.061 06	0.013 0	0.124
	0.011 00	0.45	0.308	0.000 470	0.061 06	0.013 0	0.124
	0.015 00	0.45	0.311	0.000 540	0.061 06	0.013 0	0.124
	0.003 80	0.45	0.155	0.000 350	0.022 03	0.013 0	0.124
	0.004 90	0.45	0.155	0.000 580	0.022 03	0.013 0	0.124
	0.007 10	0.45	0.155	0.001 030	0.022 03	0.013 0	0.124
	0.008 90	0.45	0.155	0.001 700	0.022 03	0.013 0	0.124
	0.011 00	0.45	0.155	0.002 750	0.022 03	0.013 0	0.124
	0.017 00	0.45	0.155	0.005 230	0.022 03	0.013 0	0.124
	0.028 00	0.45	0.155	0.014 000	0.022 03	0.013 0	0.124

续表

数据来源	Q/（m³/s）	B/m	h_w/m	S_0	ϕ	D/m	h_v/m
Stone 等（2002）	0.018 00	0.45	0.155	0.005 680	0.022 03	0.013 0	0.124
	0.021 00	0.45	0.155	0.008 380	0.022 03	0.013 0	0.124
	0.023 00	0.45	0.155	0.010 000	0.022 03	0.013 0	0.124
	0.015 00	0.45	0.155	0.004 520	0.022 03	0.013 0	0.124
	0.006 60	0.45	0.155	0.000 980	0.022 03	0.013 0	0.124
	0.008 90	0.45	0.155	0.002 070	0.022 03	0.013 0	0.124
	0.007 10	0.45	0.155	0.001 180	0.022 03	0.013 0	0.124
	0.013 00	0.45	0.155	0.003 140	0.022 03	0.013 0	0.124
	0.019 00	0.45	0.155	0.006 790	0.022 03	0.013 0	0.124
	0.023 00	0.45	0.155	0.009 520	0.022 03	0.013 0	0.124
	0.004 60	0.45	0.207	0.000 230	0.022 03	0.013 0	0.124
	0.005 90	0.45	0.207	0.000 270	0.022 03	0.013 0	0.124
	0.006 90	0.45	0.207	0.000 360	0.022 03	0.013 0	0.124
	0.008 10	0.45	0.207	0.000 630	0.022 03	0.013 0	0.124
	0.009 40	0.45	0.207	0.000 530	0.022 03	0.013 0	0.124
	0.011 00	0.45	0.207	0.000 710	0.022 03	0.013 0	0.124
	0.017 00	0.45	0.207	0.001 530	0.022 03	0.013 0	0.124
	0.029 00	0.45	0.207	0.004 280	0.022 03	0.013 0	0.124
	0.025 00	0.45	0.207	0.003 820	0.022 03	0.013 0	0.124
	0.021 00	0.45	0.207	0.002 340	0.022 03	0.013 0	0.124
	0.006 80	0.45	0.207	0.000 350	0.022 03	0.013 0	0.124
	0.015 00	0.45	0.207	0.001 230	0.022 03	0.013 0	0.124
	0.007 70	0.45	0.207	0.000 540	0.022 03	0.013 0	0.124
	0.013 00	0.45	0.207	0.000 890	0.022 03	0.013 0	0.124
	0.019 00	0.45	0.207	0.001 950	0.022 03	0.013 0	0.124

续表

数据来源	Q/（m^3/s）	B/m	h_w/m	S_0	ϕ	D/m	h_v/m
Stone 等（2002）	0.024 00	0.45	0.207	0.003 630	0.022 03	0.013 0	0.124
	0.011 00	0.45	0.308	0.000 450	0.022 03	0.013 0	0.124
	0.009 50	0.45	0.308	0.000 090	0.022 03	0.013 0	0.124
	0.013 00	0.45	0.308	0.000 360	0.022 03	0.013 0	0.124
	0.015 00	0.45	0.308	0.000 450	0.022 03	0.013 0	0.124
	0.017 00	0.45	0.308	0.000 540	0.022 03	0.013 0	0.124
	0.027 00	0.45	0.308	0.000 790	0.022 03	0.013 0	0.124
	0.029 00	0.45	0.308	0.001 470	0.022 03	0.013 0	0.124
	0.012 00	0.45	0.308	0.000 220	0.022 03	0.013 0	0.124
	0.019 00	0.45	0.308	0.000 400	0.022 03	0.013 0	0.124
	0.024 00	0.45	0.308	0.000 660	0.022 03	0.013 0	0.124
	0.006 60	0.45	0.155	0.000 980	0.005 50	0.003 2	0.124
	0.007 60	0.45	0.155	0.001 160	0.005 50	0.003 2	0.124
	0.010 00	0.45	0.155	0.001 870	0.005 50	0.003 2	0.124
	0.01400	0.45	0.155	0.004 570	0.005 50	0.003 2	0.124
	0.019 00	0.45	0.155	0.004 430	0.005 50	0.003 2	0.124
	0.028 00	0.45	0.155	0.011 000	0.005 50	0.003 2	0.124
	0.005 50	0.45	0.155	0.000 540	0.005 50	0.003 2	0.124
	0.011 00	0.45	0.155	0.002 050	0.005 50	0.003 2	0.124
	0.003 90	0.45	0.154	0.000 260	0.005 50	0.003 2	0.124
	0.022 00	0.45	0.155	0.006 760	0.005 50	0.003 2	0.124
	0.006 10	0.45	0.155	0.000 760	0.005 50	0.003 2	0.124
	0.007 50	0.45	0.155	0.000 840	0.005 50	0.003 2	0.124
	0.010 00	0.45	0.155	0.001 730	0.005 50	0.003 2	0.124
	0.011 00	0.45	0.155	0.001 870	0.005 50	0.003 2	0.124

续表

数据来源	$Q/(m^3/s)$	B/m	h_w/m	S_0	ϕ	D/m	h_v/m
Stone 等（2002）	0.022 00	0.45	0.155	0.006 940	0.005 50	0.003 2	0.124
	0.003 70	0.45	0.207	0.000 270	0.005 50	0.003 2	0.124
	0.006 70	0.45	0.208	0.000 170	0.005 50	0.003 2	0.124
	0.011 00	0.45	0.209	0.000 530	0.005 50	0.003 2	0.124
	0.014 00	0.45	0.206	0.001 060	0.005 50	0.003 2	0.124
	0.028 00	0.45	0.206	0.003 720	0.005 50	0.003 2	0.124
	0.022 00	0.45	0.207	0.002 310	0.005 50	0.003 2	0.124
	0.024 00	0.45	0.206	0.002 730	0.005 50	0.003 2	0.124
	0.019 00	0.45	0.208	0.001 620	0.005 50	0.003 2	0.124
	0.008 90	0.45	0.205	0.000 260	0.005 50	0.003 2	0.124
	0.027 00	0.45	0.205	0.003 650	0.005 50	0.003 2	0.124
	0.054 00	0.45	0.205	0.015 000	0.005 50	0.003 2	0.124
	0.016 00	0.45	0.308	0.000 400	0.005 50	0.003 2	0.124
	0.022 00	0.45	0.308	0.000 570	0.005 50	0.003 2	0.124
	0.027 00	0.45	0.308	0.000 880	0.005 50	0.003 2	0.124
	0.042 00	0.45	0.308	0.002 030	0.005 50	0.003 2	0.124
	0.065 00	0.45	0.308	0.005 220	0.005 50	0.003 2	0.124
	0.024 00	0.45	0.311	0.000 530	0.005 50	0.003 2	0.124
	0.009 80	0.45	0.308	0.000 090	0.005 50	0.003 2	0.124
	0.017 00	0.45	0.308	0.000 170	0.005 50	0.003 2	0.124
	0.027 00	0.45	0.308	0.000 880	0.005 50	0.003 2	0.124
	0.054 00	0.45	0.311	0.003 080	0.005 50	0.003 2	0.124
	0.011 00	0.45	0.155	0.001 080	0.005 51	0.006 4	0.124
	0.027 00	0.45	0.155	0.007 030	0.005 51	0.006 4	0.124
	0.020 00	0.45	0.155	0.004 130	0.005 51	0.006 4	0.124

续表

数据来源	Q/（m^3/s）	B/m	h_w/m	S_0	ϕ	D/m	h_v/m
Stone 等（2002）	0.017 00	0.45	0.155	0.002 550	0.005 51	0.006 4	0.124
	0.009 50	0.45	0.155	0.000 830	0.005 51	0.006 4	0.124
	0.008 70	0.45	0.205	0.000 260	0.005 51	0.006 4	0.124
	0.014 00	0.45	0.205	0.000 610	0.005 51	0.006 4	0.124
	0.020 00	0.45	0.205	0.001 270	0.005 51	0.006 4	0.124
	0.028 00	0.45	0.205	0.002 390	0.005 51	0.006 4	0.124
	0.039 00	0.45	0.205	0.004 940	0.005 51	0.006 4	0.124
	0.058 00	0.45	0.205	0.009 510	0.005 51	0.006 4	0.124
	0.021 00	0.45	0.310	0.000 340	0.005 51	0.006 4	0.124
	0.028 00	0.45	0.310	0.000 450	0.005 51	0.006 4	0.124
	0.040 00	0.45	0.310	0.001 170	0.005 51	0.006 4	0.124
	0.057 00	0.45	0.310	0.002 570	0.005 51	0.006 4	0.124
Yan（2008）	0.014 40	0.42	0.120	0.012 800	0.056 55	0.006 0	0.060
	0.023 20	0.42	0.180	0.004 800	0.056 55	0.006 0	0.060
	0.031 00	0.42	0.240	0.002 200	0.056 55	0.006 0	0.060
	0.037 80	0.42	0.300	0.001 200	0.056 55	0.006 0	0.060
	0.014 60	0.42	0.120	0.007 200	0.028 27	0.006 0	0.060
	0.022 70	0.42	0.180	0.003 100	0.028 27	0.006 0	0.060
	0.030 20	0.42	0.240	0.001 500	0.028 27	0.006 0	0.060
	0.036 80	0.42	0.300	0.001 100	0.028 27	0.006 0	0.060
	0.015 10	0.42	0.120	0.003 700	0.014 14	0.006 0	0.060
	0.022 70	0.42	0.180	0.002 600	0.014 14	0.006 0	0.060
	0.030 20	0.42	0.240	0.001 100	0.014 14	0.006 0	0.060
	0.036 80	0.42	0.300	0.000 650	0.014 14	0.006 0	0.060
Yang 等（2008）	0.007 50	0.45	0.075	0.001 410	0.004 40	0.002 0	0.035
	0.010 50	0.45	0.075	0.002 690	0.004 40	0.002 0	0.035

S3　沉水柔性植被实验数据

数据来源	Q/（m^3/s）	B/m	h_w/m	S_0	ϕ	D/m	$h_{v\text{-}bend}$/m
Dunn 等（1996）	0.179 0	0.91	0.367 1	0.003 60	0.005 45	0.006 35	0.152 0
	0.180 0	0.91	0.231 8	0.010 10	0.005 45	0.006 35	0.115 0
	0.093 0	0.91	0.257 1	0.003 60	0.005 45	0.006 35	0.132 0
	0.179 0	0.91	0.230 1	0.003 60	0.001 36	0.006 35	0.097 0
	0.078 0	0.91	0.278 5	0.003 60	0.012 29	0.006 35	0.161 0
	0.179 0	0.91	0.283 5	0.010 10	0.012 29	0.006 35	0.121 0
Yang 等（2008）	0.007 5	0.45	0.055 0	0.003 61	0.004 40	0.002 00	0.022 6
	0.007 5	0.45	0.075 0	0.001 51	0.004 40	0.002 00	0.027 5
	0.010 5	0.45	0.075 0	0.002 66	0.004 40	0.002 00	0.025 3
	0.007 5	0.45	0.110 0	0.000 70	0.004 40	0.002 00	0.033 9
	0.010 5	0.45	0.110 0	0.000 79	0.004 40	0.002 00	0.030 9
Kubrak 等（2008）	0.043 3	0.58	0.266 1	0.008 70	0.005 35	0.000 83	0.163 0
	0.038 4	0.58	0.257 6	0.008 70	0.005 35	0.000 83	0.163 0
	0.033 3	0.58	0.247 5	0.008 70	0.005 35	0.000 83	0.164 0
	0.027 4	0.58	0.227 5	0.008 70	0.005 35	0.000 83	0.164 0
	0.042 2	0.58	0.223 6	0.017 40	0.005 35	0.000 83	0.161 0
	0.038 5	0.58	0.218 4	0.017 40	0.005 35	0.000 83	0.162 0
	0.033 3	0.58	0.206 8	0.017 40	0.005 35	0.000 83	0.161 0
	0.027 4	0.58	0.195 1	0.017 40	0.005 35	0.000 83	0.162 0
	0.052 5	0.58	0.238 6	0.008 70	0.001 34	0.000 83	0.153 0
	0.042 5	0.58	0.213 6	0.008 70	0.001 34	0.000 83	0.154 0
	0.033 2	0.58	0.193 5	0.008 70	0.001 34	0.000 83	0.155 0
	0.075 1	0.58	0.213 1	0.017 40	0.001 34	0.000 83	0.132 0
	0.065 0	0.58	0.192 5	0.017 40	0.001 34	0.000 83	0.131 0
	0.054 7	0.58	0.179 9	0.017 40	0.001 34	0.000 83	0.133 0

续表

数据来源	$Q/(m^3/s)$	B/m	h_w/m	S_0	ϕ	D/m	$h_{v\text{-}bend}$/m
Kubrak 等（2008）	0.060 5	0.58	0.238 6	0.008 70	0.001 34	0.000 83	0.151 0
	0.050 4	0.58	0.223 4	0.008 70	0.001 34	0.000 83	0.152 0
	0.040 8	0.58	0.200 5	0.008 70	0.001 34	0.000 83	0.153 0
	0.069 3	0.58	0.196 2	0.017 40	0.001 34	0.000 83	0.132 0
	0.055 5	0.58	0.187 6	0.017 40	0.001 34	0.000 83	0.139 0
	0.060 9	0.58	0.242 1	0.008 70	0.001 34	0.000 83	0.151 0
	0.050 0	0.58	0.224 6	0.008 70	0.001 34	0.000 83	0.153 0
	0.040 8	0.58	0.205 3	0.008 70	0.001 34	0.000 83	0.156 0
	0.069 3	0.58	0.207 7	0.017 40	0.001 34	0.000 83	0.138 0
	0.046 6	0.58	0.193 2	0.017 40	0.001 34	0.000 83	0.142 0
	0.055 3	0.58	0.180 6	0.017 40	0.001 34	0.000 83	0.143 0
Okamoto 等（2010）	0.021 0	0.40	0.150 0	0.002 41	0.047 80	0.008 00	0.030 0
	0.018 0	0.40	0.150 0	0.002 21	0.047 80	0.008 00	0.034 0
	0.015 0	0.40	0.150 0	0.002 00	0.047 80	0.008 00	0.036 0
	0.012 0	0.40	0.150 0	0.001 65	0.047 80	0.008 00	0.040 0
	0.010 2	0.40	0.150 0	0.001 41	0.047 80	0.008 00	0.042 0
	0.009 0	0.40	0.150 0	0.001 13	0.047 80	0.008 00	0.044 0
	0.007 2	0.40	0.150 0	0.000 78	0.047 80	0.008 00	0.046 0
	0.006 0	0.40	0.150 0	0.000 56	0.047 80	0.008 00	0.049 0
	0.029 4	0.40	0.210 0	0.001 49	0.047 80	0.008 00	0.040 0
	0.025 2	0.40	0.210 0	0.001 37	0.047 80	0.008 00	0.045 0
	0.021 0	0.40	0.210 0	0.001 29	0.047 80	0.008 00	0.051 0
	0.016 8	0.40	0.210 0	0.001 06	0.047 80	0.008 00	0.056 0
	0.014 3	0.40	0.210 0	0.000 86	0.047 80	0.008 00	0.058 0
	0.012 6	0.40	0.210 0	0.000 74	0.047 80	0.008 00	0.060 0

续表

数据来源	$Q/(m^3/s)$	B/m	h_w/m	S_0	ϕ	D/m	$h_{v\text{-bend}}$/m
Okamoto 等（2010）	0.010 1	0.40	0.210 0	0.000 51	0.047 80	0.008 00	0.063 0
	0.008 4	0.40	0.210 0	0.000 38	0.047 80	0.008 00	0.068 0
	0.027 0	0.40	0.270 0	0.000 62	0.047 80	0.008 00	0.054 0
	0.021 6	0.40	0.270 0	0.000 54	0.047 80	0.008 00	0.060 0
	0.018 4	0.40	0.270 0	0.000 49	0.047 80	0.008 00	0.065 0
	0.016 2	0.40	0.270 0	0.000 44	0.047 80	0.008 00	0.071 0
	0.013 0	0.40	0.270 0	0.000 33	0.047 80	0.008 00	0.075 0
	0.010 8	0.40	0.270 0	0.000 24	0.047 80	0.008 00	0.078 0
	0.031 5	0.40	0.315 0	0.000 41	0.047 80	0.008 00	0.064 0
	0.025 2	0.40	0.315 0	0.000 39	0.047 80	0.008 00	0.068 0
	0.021 4	0.40	0.315 0	0.000 38	0.047 80	0.008 00	0.076 0
	0.018 9	0.40	0.315 0	0.000 33	0.047 80	0.008 00	0.081 0
	0.015 1	0.40	0.315 0	0.000 25	0.047 80	0.008 00	0.084 0
	0.012 6	0.40	0.315 0	0.000 19	0.047 80	0.008 00	0.096 0
Järvelä（2005）	0.040 0	1.10	0.306 0	0.001 50	0.073 89	0.002 80	0.205 0
	0.100 0	1.10	0.308 4	0.003 60	0.073 89	0.002 80	0.155 0
	0.040 0	1.10	0.406 5	0.000 50	0.073 89	0.002 80	0.230 0
	0.100 0	1.10	0.404 1	0.001 30	0.073 89	0.002 80	0.190 0
	0.143 0	1.10	0.407 0	0.002 00	0.073 89	0.002 80	0.160 0
	0.040 0	1.10	0.504 4	0.000 20	0.073 89	0.002 80	0.245 0
	0.100 0	1.10	0.495 0	0.000 60	0.073 89	0.002 80	0.220 0
	0.100 0	1.10	0.706 5	0.000 20	0.073 89	0.002 80	0.260 0
	0.143 0	1.10	0.703 7	0.000 30	0.073 89	0.002 80	0.215 0
Carollo 等（2002）	0.037 6	0.60	0.119 0	0.010 00	0.024 35	0.001 00	0.048 0
	0.030 1	0.60	0.135 0	0.010 00	0.034 56	0.001 00	0.080 0

续表

数据来源	Q/（m^3/s）	B/m	h_w/m	S_0	ϕ	D/m	$h_{v\text{-bend}}$/m
Carollo 等（2002）	0.030 1	0.60	0.146 0	0.002 00	0.034 56	0.001 00	0.080 0
	0.026 9	0.60	0.140 0	0.002 00	0.034 56	0.001 00	0.082 0
	0.026 9	0.60	0.125 0	0.010 00	0.034 56	0.001 00	0.077 0
	0.077 6	0.60	0.178 0	0.002 00	0.034 56	0.001 00	0.070 0
	0.077 6	0.60	0.168 0	0.010 00	0.034 56	0.001 00	0.066 0
	0.105 9	0.60	0.199 0	0.002 00	0.034 56	0.001 00	0.063 0
	0.105 9	0.60	0.183 0	0.010 00	0.034 56	0.001 00	0.059 0
	0.026 9	0.60	0.128 0	0.002 00	0.021 99	0.001 00	0.070 0
	0.0776	0.60	0.190 0	0.002 00	0.021 99	0.001 00	0.054 0
	0.105 9	0.60	0.217 0	0.002 00	0.021 99	0.001 00	0.049 0
	0.135 0	0.60	0.245 0	0.002 00	0.021 99	0.001 00	0.047 0
	0.170 8	0.60	0.272 0	0.002 00	0.021 99	0.001 00	0.045 0
	0.188 7	0.60	0.277 0	0.002 00	0.026 47	0.001 00	0.038 0
	0.189 2	0.60	0.272 0	0.002 00	0.026 47	0.001 00	0.031 0
Ciraolo 等（2007）	0.057 4	0.77	0.150 0	0.008 50	0.020 36	0.005 00	0.068 0
	0.068 1	0.77	0.161 0	0.008 11	0.020 36	0.005 00	0.063 0
	0.075 0	0.77	0.249 0	0.001 98	0.020 36	0.005 00	0.105 0
	0.095 1	0.77	0.243 0	0.002 91	0.020 36	0.005 00	0.095 0
	0.109 9	0.77	0.245 0	0.003 97	0.020 36	0.005 00	0.100 0
	0.027 0	0.77	0.360 0	0.000 09	0.020 36	0.005 00	0.235 0
	0.055 0	0.77	0.367 0	0.000 32	0.020 36	0.005 00	0.160 0
	0.084 0	0.77	0.365 0	0.000 61	0.020 36	0.005 00	0.140 0
	0.116 1	0.77	0.348 0	0.001 03	0.020 36	0.005 00	0.118 0
	0.134 6	0.77	0.350 0	0.001 38	0.020 36	0.005 00	0.115 0
	0.157 4	0.77	0.348 0	0.001 74	0.020 36	0.005 00	0.105 0

续表

数据来源	Q/(m^3/s)	B/m	h_w/m	S_0	ϕ	D/m	$h_{v\text{-}bend}$/m
Ciraolo 等（2007）	0.034 9	0.77	0.466 0	0.000 08	0.020 36	0.005 00	0.290 0
	0.068 9	0.77	0.470 0	0.000 19	0.020 36	0.005 00	0.190 0
	0.108 1	0.77	0.478 0	0.000 45	0.020 36	0.005 00	0.235 0
	0.145 6	0.77	0.474 0	0.000 55	0.020 36	0.005 00	0.115 0
	0.177 0	0.77	0.465 0	0.000 81	0.020 36	0.005 00	0.145 0
Kouwen 等（1969）	0.002 7	0.61	0.150 6	0.000 50	0.098 17	0.005 00	0.100 0
	0.016 9	0.61	0.252 7	0.001 00	0.098 17	0.005 00	0.100 0
	0.085 6	0.61	0.381 9	0.003 00	0.098 17	0.005 00	0.085 0
	0.009 1	0.61	0.151 9	0.005 00	0.098 17	0.005 00	0.100 0
	0.013 2	0.61	0.150 9	0.010 00	0.098 17	0.005 00	0.100 0
	0.082 7	0.61	0.242 2	0.009 40	0.098 17	0.005 00	0.050 0
	0.043 7	0.61	0.350 3	0.001 00	0.098 17	0.005 00	0.100 0
	0.040 8	0.61	0.250 0	0.004 90	0.098 17	0.005 00	0.100 0
	0.038 1	0.61	0.400 0	0.000 50	0.098 17	0.005 00	0.100 0
	0.019 4	0.61	0.300 0	0.000 50	0.098 17	0.005 00	0.100 0
	0.006 7	0.61	0.200 2	0.000 50	0.098 17	0.005 00	0.100 0
	0.049 6	0.61	0.300 0	0.003 00	0.098 17	0.005 00	0.095 0
	0.009 7	0.61	0.200 1	0.001 00	0.098 17	0.005 00	0.100 0
	0.047 9	0.61	0.199 0	0.010 00	0.098 17	0.005 00	0.060 0
	0.028 4	0.61	0.349 8	0.000 50	0.098 17	0.005 00	0.100 0
	0.073 1	0.61	0.299 8	0.005 00	0.098 17	0.005 00	0.075 0
	0.028 8	0.61	0.300 0	0.001 00	0.098 17	0.005 00	0.100 0
	0.016 5	0.61	0.200 0	0.003 00	0.098 17	0.005 00	0.100 0
	0.022 5	0.61	0.200 0	0.005 00	0.098 17	0.005 00	0.100 0
	0.113 9	0.61	0.348 6	0.005 00	0.098 17	0.005 00	0.060 0

续表

数据来源	Q/（m³/s）	B/m	h_w/m	S_0	ϕ	D/m	$h_{v\text{-}bend}$/m
Kouwen 等（1969）	0.055 8	0.61	0.398 6	0.001 00	0.098 17	0.005 00	0.090 0
	0.012 7	0.61	0.252 7	0.000 50	0.098 17	0.005 00	0.100 0
	0.075 4	0.61	0.350 8	0.003 00	0.098 17	0.005 00	0.090 0
	0.031 0	0.61	0.259 4	0.003 00	0.098 17	0.005 00	0.100 0
	0.142 2	0.61	0.383 0	0.004 90	0.098 17	0.005 00	0.055 0
	0.003 8	0.61	0.149 1	0.001 00	0.098 17	0.005 00	0.100 0

编 后 记

“博士后文库”是汇集自然科学领域博士后研究人员优秀学术成果的系列丛书。“博士后文库”致力于打造专属于博士后学术创新的旗舰品牌，营造博士后百花齐放的学术氛围，提升博士后优秀成果的学术影响力和社会影响力。

“博士后文库”出版资助工作开展以来，得到了全国博士后管委会办公室、中国博士后科学基金会、中国科学院、科学出版社等有关单位领导的大力支持，众多热心博士后事业的专家学者给予积极的建议，工作人员做了大量艰苦细致的工作。在此，我们一并表示感谢！

“博士后文库”编委会